"十二五"国家重点图书出版规划项目

第一次全国水利普查成果丛书

水土保持情况普查报告

《第一次全国水利普查成果丛书》编委会　编

中国水利水电出版社

www.waterpub.com.cn

·北京·

内 容 提 要

本书系《第一次全国水利普查成果丛书》之一，系统全面地阐述了第一次全国水利普查水土保持情况普查的主要成果，主要内容包括普查任务和技术路线，全国水力侵蚀、风力侵蚀和冻融侵蚀的面积、强度与分布，西北黄土高原区和东北黑土区侵蚀沟道的数量、面积、分布和几何特征，全国水土保持措施的类型、数量和分布。

本书内容及数据权威、准确、客观，可供水利、农业、国土资源、环境、气象、交通等行业从事规划设计、建设管理、科研生产的各级政府人士、专家、学者和技术人员阅读使用，也可供相关专业大专院校师生及其他社会公众参考使用。

图书在版编目（CIP）数据

水土保持情况普查报告 / 《第一次全国水利普查成果丛书》编委会编. -- 北京 ：中国水利水电出版社，2017.1
　　（第一次全国水利普查成果丛书）
　　ISBN 978-7-5170-4637-0

Ⅰ．①水… Ⅱ．①第… Ⅲ．①水土保持－水利调查－调查报告－中国 Ⅳ．①S157

中国版本图书馆CIP数据核字(2016)第200504号

审图号：GS（2016）2553号
地图制作：国信司南（北京）地理信息技术有限公司
　　　　　国家基础地理信息中心

书　　名	第一次全国水利普查成果丛书 水土保持情况普查报告 SHUITU BAOCHI QINGKUANG PUCHA BAOGAO
作　　者	《第一次全国水利普查成果丛书》编委会　编
出版发行	中国水利水电出版社 （北京市海淀区玉渊潭南路1号D座　100038） 网址：www. waterpub. com. cn E-mail：sales@waterpub. com. cn 电话：(010) 68367658（营销中心）
经　　售	北京科水图书销售中心（零售） 电话：(010) 88383994、63202643、68545874 全国各地新华书店和相关出版物销售网点
排　　版	中国水利水电出版社微机排版中心
印　　刷	北京博图彩色印刷有限公司
规　　格	184mm×260mm　16开本　14.5印张　268千字
版　　次	2017年1月第1版　2017年1月第1次印刷
印　　数	0001—2300册
定　　价	**90.00元**

本书编委会

主　　编　牛崇桓

副 主 编　郭索彦　李智广　鲁胜力

编写人员　刘宝元　邹学勇　刘淑珍　谢　云
　　　　　程　宏　刘宪春　刘斌涛　曹　炜
　　　　　王岩松　王爱娟　刘二佳

前　言

　　遵照《国务院关于开展第一次全国水利普查的通知》（国发〔2010〕4号）的要求，2010—2012年我国开展了第一次全国水利普查（以下简称"普查"）。普查的标准时点为2011年12月31日，时期资料为2011年度；普查的对象是我国境内（未含香港特别行政区、澳门特别行政区和台湾省）所有河流湖泊、水利工程、水利机构以及重点社会经济取用水户。

　　第一次全国水利普查是一项重大的国情国力调查，是国家资源环境调查的重要组成部分。普查基于最新的国家基础测绘信息和遥感影像数据，综合运用社会经济调查和资源环境调查的先进技术与方法，系统开展了水利领域的各项具体工作，全面查清了我国河湖水系和水土流失的基本情况，查明了水利基础设施的数量、规模和行业能力状况，摸清了我国水资源开发、利用、治理、保护等方面的情况，掌握了水利行业能力建设的状况，形成了基于空间地理信息系统、客观反映我国水情特点、全面系统描述我国水治理状况的国家基础水信息平台。通过普查，摸清了我国水利家底，填补了重大国情国力信息空白，完善了国家资源环境和基础设施等方面的基础信息体系。普查成果为客观评价我国水情及其演变形势，准确判断水利发展状况，科学分析江河湖泊开发治理和保护状况，客观评价我国的水问题，深入研究我国水安全保障程度等提供了翔实、全面、系统的资料，为社会各界了解我国基本水情特点提供了丰富的信息，为完善治水方略、全面谋划水利改革发展、科学制定国民经济和社会发展规划、推进生态文明建设等工作提供了科学可靠的决策依据。

　　为实现普查成果共享，更好地方便全社会查阅、使用和应用普查成果，水利部、国家统计局组织编制了《第一次全国水利普查成果丛书》。本套丛书包括《全国水利普查综合报告》《河湖基本情况普查报告》《水利工程基本情况普查报告》《经济社会用水情况调查报告》《河湖开发治理保护情况普查报告》《水土保持情况普查报告》《水利行业能力情况普查报告》《灌区基本情况普查报告》《地下水取水井基本情况普查报告》和《全国水利普查数据汇编》，共10册。

本书是《第一次全国水利普查成果丛书》之一，全面介绍了我国土壤侵蚀、侵蚀沟道和水土保持措施等情况。全书共分五章，第一章概述了水土保持情况普查的对象、范围、内容与指标以及主要成果；第二章简述了土壤侵蚀、侵蚀沟道和水土保持措施等三种对象的普查技术路线和工作流程；第三章在简述侵蚀因子的基础上，统计出了我国水力侵蚀、风力侵蚀和冻融侵蚀的面积、强度和分布；第四章阐述了西北黄土高原区和东北黑土区侵蚀沟道的数量、面积、分布和几何特征；第五章阐述了水土保持措施的类型、数量和分布，以及水土保持治沟骨干工程的数量、分布特征。本书所使用的计量单位，主要采用国际单位制单位和我国法定计量单位，小部分沿用水利统计惯用单位。部分因单位取舍不同而产生的数据合计数或相对数计算误差未进行机械调整。

本书在编写过程中得到了许多专家和普查人员的指导与帮助，在此表示衷心的感谢！由于作者水平有限，书中难免存在疏漏，敬请批评指正。

编者

2015 年 10 月

目　录

前言

第一章　概述 ·· 1

　　第一节　普查对象及范围 ···························· 1

　　第二节　普查内容及指标 ···························· 7

　　第三节　普查主要成果 ···························· 10

第二章　普查技术路线与工作流程 ···················· 12

　　第一节　土壤侵蚀 ································ 12

　　第二节　侵蚀沟道 ································ 47

　　第三节　水土保持措施普查 ························ 53

第三章　土壤侵蚀普查成果 ·························· 66

　　第一节　土壤侵蚀因子情况 ························ 66

　　第二节　土壤侵蚀总体情况 ························ 83

　　第三节　水力侵蚀情况 ···························· 88

　　第四节　风力侵蚀情况 ·························· 103

　　第五节　冻融侵蚀情况 ·························· 112

第四章　侵蚀沟道普查成果 ························ 119

　　第一节　西北黄土高原区侵蚀沟道情况 ············ 119

　　第二节　东北黑土区侵蚀沟道情况 ················ 130

第五章　水土保持措施普查成果 ···················· 139

　　第一节　全国水土保持措施总体情况 ·············· 139

　　第二节　各省（自治区、直辖市）水土保持措施情况 ·· 143

　　第三节　水土保持区划一级区水土保持措施情况 ······ 157

　　第四节　大江大河流域水土保持措施情况 ·········· 164

　　第五节　重点区域水土保持措施情况 ·············· 171

附录A　第一次全国水利普查野外调查单元分类表 ········ 181

　　附表 A1　野外调查单元土地利用现状分类表 ········· 181

附表 A2　野外调查单元水土保持措施分类表 ·············· 182

附表 A3　全国轮作制度区划及轮作措施的三级分类表 ·············· 190

附录 B　重点区域基本情况 ·············· 195

附录 C　第一次全国水利普查水土保持情况公报 ·············· 202

附录 D　第一次全国水利普查成果图 ·············· 208

附图 D1　全国降雨侵蚀力图 ·············· 208

附图 D2　全国土壤可蚀性因子图 ·············· 209

附图 D3　全国坡度坡长因子图 ·············· 210

附图 D4　全国植物覆盖与生物措施因子图 ·············· 211

附图 D5　全国风力侵蚀区表土湿度因子图 ·············· 212

附图 D6　全国风力侵蚀区不小于5m/s年均风速累计时间分布示意图 ·········· 213

附图 D7　全国风力侵蚀区地表粗糙度 ·············· 214

附图 D8　全国冻融侵蚀区年冻融循环天数图 ·············· 215

附图 D9　全国冻融侵蚀区日均冻融相变水量图 ·············· 216

附图 D10　全国冻融侵蚀区年均降水量等值线图 ·············· 217

附图 D11　全国水土流失图 ·············· 218

附图 D12　西北黄土高原区侵蚀沟道分布示意图 ·············· 219

附图 D13　东北黑土区侵蚀沟道分布示意图 ·············· 220

附图 D14　全国县级水土保持措施面积集中程度图（水土保持措施面积
百分比分级） ·············· 221

附图 D15　黄河流域治沟骨干工程分布示意图 ·············· 222

附图 D16　全国各省水土保持措施面积柱状分布示意图 ·············· 223

附图 D17　水土保持区划一级分区水土保持措施面积柱状分布示意图 ·········· 224

第一章 概　　述

第一次全国水利普查水土保持情况普查的目标是调查全国土壤侵蚀、典型地区侵蚀沟道和全国水土保持措施现状，丰富全国水土保持基础数据库，掌握土壤侵蚀动态变化情况，提高水土保持监测服务政府决策、经济社会发展和社会公众的能力，为国家水土保持生态建设提供决策依据，实现水土资源可持续开发、利用和保护。

水土保持情况普查的任务主要包括 4 个方面：一是全面查清全国土壤侵蚀现状，掌握土壤侵蚀的面积、强度和分布；二是全面调查西北黄土高原区和东北黑土区侵蚀沟道现状，掌握侵蚀沟道的数量、面积、分布和几何特征；三是全面查清全国水土保持措施现状，掌握各类水土保持措施的数量和分布；四是建立健全全国水土保持基础数据库，为水土保持科学研究、行政管理和综合治理服务。

第一节　普查对象及范围

第一次全国水利普查水土保持情况普查包括土壤侵蚀、侵蚀沟道和水土保持措施等 3 个方面，每个方面又分别包括多种具体的对象，每种普查对象具有特定的普查范围。

一、土壤侵蚀

土壤侵蚀的普查对象包括水力侵蚀、风力侵蚀和冻融侵蚀等 3 种侵蚀类型，不包括其他类型的侵蚀。

土壤侵蚀普查范围为中华人民共和国境内（未含香港特别行政区、澳门特别行政区和台湾省）。按照《土壤侵蚀分类分级标准》（SL 190—2007）规定的土壤侵蚀区划，水力侵蚀普查范围包括东北黑土区、北方土石山区、西北黄土高原区、南方红壤丘陵区、西南土石山区等；风力侵蚀普查范围包括"三北"戈壁沙漠及沙地风沙区；冻融侵蚀普查范围包括北方冻融土侵蚀区、青藏高原冰川冻土侵蚀区。

由于土壤侵蚀呈连片、延续的区域性分布，普查对象上下限根据土壤侵蚀图制作要求确定，具体见表1-1-1。

表1-1-1　　　　　　　　土壤侵蚀普查对象的上下限

普查对象	上　下　限
土壤侵蚀	成图最小图斑不小于2mm×2mm（根据影像空间分辨率、工作底图比例尺确定工作下限，包括象元个数、图斑大小等）
侵蚀沟道	西北黄土高原区侵蚀沟道长度不小于500m，东北黑土区侵蚀沟道长度不小于100m，不大于5000m；若沟道跨过50km²小流域，则不作为侵蚀沟道
水土保持措施	基本农田、水土保持林、经济林和种草的面积不小于0.1hm²，封禁治理面积不小于10hm²，其他面积不小于0.5hm²
	淤地坝库容不小于1万m³、不大于500万m³；治沟骨干工程库容不小于50万m³、不大于500万m³
	线状水土保持措施（坡面水系工程）长度不小于10m

二、侵蚀沟道

侵蚀沟道的普查对象是指因水土流失尤其是沟蚀而形成的沟道，不包括其他类型的沟道。

按照《土壤侵蚀分类分级标准》（SL 190—2007）规定的土壤侵蚀区划，侵蚀沟道普查范围为西北黄土高原区的高塬沟壑区、丘陵沟壑区和东北黑土区，涉及山西、河南、陕西、甘肃、青海、宁夏、内蒙古、辽宁、吉林和黑龙江等10个省（自治区）的69个市（地、盟、州）357个县（市、区、旗），涉及的行政单位详见表1-1-2。其中，黄土高原高塬沟壑区普查范围总面积约4.3万km²，黄土高原丘陵沟壑区普查范围总面积约20.4万km²，东北黑土区普查范围总面积为94.49万km²。侵蚀沟道普查对象的上下限见表1-1-1。

三、水土保持措施

水土保持措施的普查对象是指为防治水土流失，保护、改良与合理利用水土资源，改善生态环境所采取的工程措施和植物措施，不包括耕作技术措施。水土保持工程措施主要包括基本农田（包括梯田、坝地和其他基本农田）、淤地坝、坡面水系工程和小型蓄水保土工程等；水土保持植物措施主要包括水土保持林、经济林和种草等。各种水土保持措施普查上下限见表1-1-1。

表 1-1-2 　　西北黄土高原和东北黑土区侵蚀沟道普查范围

省 （自治区、 直辖市）	市（地、盟、州）		县（市、区、旗）	
	名称	个数	名称	个数
合计		75		357
西北黄土高原高塬沟壑区侵蚀沟道普查范围				
小计		9		47
甘肃	平凉市、庆阳市	2	平凉区、泾川县、灵台县、崇信县、西峰区、庆阳县、合水县、正宁县、宁县、镇原县	10
陕西	延安市、铜川市、渭南市、咸阳市	4	富县、洛川县、黄陵县、王益区、印台区、耀县、宜君县、韩城市、大荔县、浦城县、澄城县、白水县、合阳县、富平县、乾县、彬县、永寿县、礼泉县、旬邑县、长武县、淳化县	21
山西	临汾市、运城市、吕梁市	3	乡宁县、大宁县、蒲县、永和县、隰县、汾西县、浮山县、吉县、永济市、芮城县、河津市、夏县、绛县、平陆县、垣曲县、孝义市	16
西北黄土高原丘陵沟壑区侵蚀沟道普查范围				
小计		30		139
青海	西宁市、海东地区、黄南藏族自治州、海南藏族自治州	4	西宁郊区、大通回族自治县、湟源县、湟中县、平安县、互助土族自治县、乐都县、民和回族土族自治县、化隆回族自治县、循化撒拉族自治县、尖扎县、同仁县、贵德县、共和县、贵南县	15
甘肃	兰州市、白银市、天水市、定西市、平凉市、庆阳市、临夏回族自治州	7	城关区、七里河区、西固区、安宁区、红古区、永登县、皋兰县、榆中县、白银区、平川区、靖远县、会宁县、秦州区、北道区、清水县、秦安县、甘谷县、武山县、张家川回族自治县、安定区、通渭县、陇西县、渭源县、临洮县、漳县、庄浪县、静宁县、环县、华池县、临夏市、临夏县、康乐县、永靖县、广河县、和政县、东乡族自治县、积石山保安族东乡族撒拉族自治县	37
宁夏	固原市、吴忠市	2	原州区、泾源县、海原县、西吉县、隆德县、彭阳县、盐池县、同心县	8
内蒙古	呼和浩特市、乌兰察布市、鄂尔多斯市	3	和林格尔县、清水河县、托克托县、呼和浩特新城区、呼和浩特回民区、呼和浩特玉泉区、呼和浩特赛罕区、凉城县、卓资县、准格尔旗、达拉特旗、东胜区、伊金霍洛旗	13

省 （自治区、 直辖市）	市（地、盟、州）		县（市、区、旗）	
	名称	个数	名称	个数
陕西	榆林市、延安市、渭南市、宝鸡市、咸阳市	5	定边县、绥德县、横山县、神木县、清涧县、吴堡县、米脂县、靖边县、榆阳县、子洲县、府谷县、佳县、宝塔区、延长县、延川县、子长县、安塞县、志丹县、吴起县、宜川县、陇县、千阳县、麟游县	23
山西	太原市、朔州市、忻州市、吕梁市	4	阳曲县、古交市、娄烦县、朔城区、平鲁区、右玉县、宁武县、静乐县、神池县、五寨县、岢岚县、河曲县、保德县、偏关县、兴县、临县、离石区、柳林县、中阳县、方山县、石楼县、岚县、交口县	23
河南	郑州市、洛阳市、三门峡市、焦作市、济源市	5	偃师市、孟津县、新安县、宜阳县、伊川县、汝阳县、洛宁县、嵩县、洛阳郊区、吉利区、孟州市、荥阳市、巩义市、陕县、湖滨区、义马市、渑池县、灵宝市、卢氏县、济源市	20
东北黑土区侵蚀沟道普查范围				
小计		36		171
内蒙古	呼伦贝尔市、兴安盟、通辽市	3	海拉尔区、扎兰屯市、牙克石市、阿荣旗、莫里达瓦达斡尔族自治旗、额尔古纳市、鄂伦春自治旗、鄂温克族自治旗、新巴尔虎左旗、陈巴尔虎旗、乌兰浩特市、科尔沁右翼前旗、科尔沁右翼中旗、扎赉特旗、突泉县、扎鲁特旗	16
辽宁	沈阳市、大连市、鞍山市、抚顺市、本溪市、丹东市、锦州市、营口市、阜新市、辽阳市、盘锦市、铁岭市、葫芦岛市	13	沈阳市、辽中县、康平县、法库县、新民市、大连市、瓦房店市、普兰店市、庄河市、鞍山市、台安县、岫岩满族自治县、海城市、抚顺市、抚顺县、新宾满族自治县、清原满族自治县、本溪市、本溪满族自治县、桓仁满族自治县、凤城市、宽甸满族自治县、东港市、锦州市、北镇市、黑山县、义县、凌海市、营口市、盖州市、大石桥市、阜新市、阜新蒙古族自治县、彰武县、辽阳市、辽阳县、灯塔市、大洼县、盘山县、铁岭市、铁岭县、西丰县、昌图县、调兵山市、开原市、葫芦岛市、绥中县、兴城市	49

省（自治区、直辖市）	市（地、盟、州）		县（市、区、旗）	
	名称	个数	名称	个数
吉林	长春市、吉林市、四平市、辽源市、通化市、白山市、白城市、延边朝鲜族自治州	8	长春市、农安县、德惠市、双阳区、九台市、榆树市、吉林市、永吉县、磐石市、蛟河市、桦甸市、舒兰市、四平市、梨树县、伊通满族自治县、公主岭市、辽源市、东丰县、东辽县、通化市、通化县、辉南县、柳河县、梅河口市、集安市、白山市、抚松县、靖宇县、长白朝鲜族自治县、临江市、白城市、延吉市、图们市、敦化市、珲春市、龙井市、和龙市、汪清县、安图县	39
黑龙江	哈尔滨市、齐齐哈尔市、鸡西市、鹤岗市、双鸭山市、伊春市、佳木斯市、七台河市、牡丹江市、黑河市、绥化市、大兴安岭地区	12	哈尔滨市、呼兰区、依兰县、方正县、宾县、阿城区、龙江县、依安县、甘南县、克山县、克东县、拜泉县、讷河市、鸡西市、鸡东县、虎林市、鹤岗市、萝北县、绥滨县、双鸭山市、集贤县、友谊县、宝清县、饶河县、伊春市、嘉荫县、铁力市、佳木斯市、桦南县、桦川县、汤原县、抚远县、同江市、富锦市、七台河市、勃利县、牡丹江市、穆棱县、东宁县、林口县、绥芬河市、密山市、海林市、宁安市、黑河市、嫩江县、逊克县、孙吴县、北安市、五大连池市、双城区、尚志市、五常市、巴彦县、木兰县、通河县、延寿县、绥化市、海伦市、望奎县、兰西县、庆安县、明水县、绥棱县、呼玛县、塔河县、漠河县	67

表 1-1-3　　水土保持治沟骨干工程普查范围涉及的行政区

省（自治区）	市（地、盟、州）		县（市、区、旗）	
	名称	个数	名称	个数
合计		40		180
山西	太原市、大同市、晋中市、临汾市、吕梁市、朔州市、忻州市、运城市	8	古交市、娄烦县、新荣区、浑源县、介休市、和顺县、灵石县、平遥县、大宁县、汾西县、浮山县、古县、洪洞县、侯马市、吉县、蒲县、曲沃县、隰县、乡宁县、襄汾县、永和县、离石区、方山县、交口县、岚县、临县、柳林县、石楼县、孝义市、兴县、中阳县、平鲁区、右玉县、保德县、河曲县、静乐县、岢岚县、宁武县、偏关县、神池县、五寨县、盐湖区、河津市、稷山县、平陆县、芮城县、万荣县、夏县、垣曲县	49

省 （自治区）	市（地、盟、州）		县（市、区、旗）	
	名称	个数	名称	个数
内蒙古	呼和浩特市、包头市、鄂尔多斯市、乌海市、乌兰察布市、巴彦淖尔市	6	托克托县、和林格尔县、清水河县、达尔罕茂明安联合旗、固阳县、石拐区、乌审旗、伊金霍洛旗、准格尔旗、达拉特旗、东胜区、鄂托克旗、杭锦旗、海南区、凉城县、卓资县、乌拉特前旗	17
河南	郑州市、三门峡市、济源市、洛阳市、焦作市	5	巩义市、登封市、荥阳市、湖滨区、灵宝市、陕县、渑池县、济源市、洛宁县、孟津县、汝阳县、嵩县、新安县、偃师市、伊川县、宜阳县、孟州市、沁阳市	18
陕西	西安市、铜川市、宝鸡市、咸阳市、渭南市、延安市、榆林市	7	临潼区、蓝田县、印台区、宜君县、陈仓区、凤翔县、岐山县、扶风县、千阳县、麟游县、彬县、长武县、旬邑县、淳化县、临渭区、大荔县、合阳县、澄城县、蒲城县、白水县、富平县、韩城市、宝塔区、延长县、延川县、子长县、安塞县、志丹县、吴起县、甘泉县、富县、洛川县、宜川县、黄龙县、黄陵县、榆阳区、神木县、府谷县、横山县、靖边县、定边县、绥德县、米脂县、佳县、吴堡县、清涧县、子洲县	47
甘肃	兰州市、白银市、天水市、平凉市、庆阳市、定西市、临夏回族自治州	7	七里河区、皋兰县、榆中县、靖远县、秦州区、麦积区、秦安县、甘谷县、武山县、泾川县、灵台县、崇信县、庄浪县、静宁县、西峰区、庆城县、环县、华池县、合水县、正宁县、宁县、镇原县、安定区、通渭县、陇西县、渭源县、临洮县、漳县、康乐县、永靖县	30
青海	西宁市、海南藏族自治州、海东地区	3	城中区、大通回族土族自治县、湟中县、湟源县、贵南县、互助土族自治县、乐都县、民和回族土族自治县、平安县	9
宁夏	银川市、吴忠市、固原市、中卫市	4	灵武市、盐池县、同心县、原州区、西吉县、隆德县、彭阳县、沙坡头区、中宁县、海原县	10

　　水土保持措施的普查范围为中华人民共和国境内（未含香港特别行政区、澳门特别行政区和台湾省）。在普查中，对水土保持工程措施中的治沟骨干工程进行重点详查，水土保持治沟骨干工程的普查范围为黄河流域黄土高原，涉及青海、甘肃、宁夏、内蒙古、陕西、山西、河南7个省（自治区）的40个市

（地、盟、州）180 个县（市、区、旗）。所涉及的县级行政单位见表 1－1－3。

第二节　普查内容及指标

第一次全国水利普查水土保持情况普查对土壤侵蚀、侵蚀沟道和水土保持措施等 3 个方面有不同的普查内容和指标要求。

一、土壤侵蚀

土壤侵蚀普查内容包括调查土壤侵蚀影响因素（包括气象、土壤、地形、植被和土地利用等）的基本状况，评价各个影响因素分布规律和土壤侵蚀的分布、面积与强度。

（一）水力侵蚀普查指标

普查指标包括水力侵蚀区县级行政区划单位辖区内典型水文站点的日降水量，土壤侵蚀野外调查单元的坡长、坡度、土壤、土地利用、生物措施、工程措施和耕作措施。主要指标定义如下：

日降水量：登记年份为 1981—2010 年共 30 年，只摘录不小于 12mm 的日降水量，当日降水量小于 12mm 时，则不填写数字（即为空）。

土地利用：根据土壤侵蚀评价的需要，参考《土地利用现状分类》（GB/T 21010—2007）和《土地利用现状调查技术规程》（全国农业区划委员会，1984 年 9 月），制作了野外调查时采用的土地利用现状分类及其代码，具体见附表 A1。

水土保持措施：包括水土保持工程措施、生物措施和耕作措施。根据土壤侵蚀评价的需要，参照《水土保持综合治理技术规范》（GB/T 16453.1～6—2008），制作了野外调查时采用的水土保持措施分类及其代码，具体见附表 A2。

（二）风力侵蚀普查指标

普查指标包括风力侵蚀区典型气象站的风向与风速，土壤侵蚀野外调查单元的土地利用、地表湿度、地表粗糙度和地表覆被状况（包括植被高度、郁闭度或盖度，地表表土平整状况、紧实状况和有无砾石）。主要指标定义如下：

风向与风速：登记年份为 1991—2010 年共 20 年，每年 1—5 月和 10—12月的每天 4 个时段的风速和风向数据，只填写当日不小于 5m/s 风速的数据，当小于 5m/s 时，则不填写数字。

土地利用：在风力侵蚀调查时，将土地利用类型分为耕地、沙地和草（灌）地，分别调查地表粗糙度和地表覆被状况。

地表湿度：土壤表层0～2.5cm深度范围内含水率抗拒土壤风力侵蚀的潜在能力（％）。

地表粗糙度：因植被、微地形和农田耕作技术措施导致的零风速位置的高度（cm）。

地表覆被状况：不同土地利用状况下，地表植被和表土的状况，包括植被高度、郁闭度或盖度，地表表土平整状况、紧实状况和有无砾石等。

（三）冻融侵蚀普查指标

普查指标包括冻融侵蚀区县级行政区划单位辖区内的典型水文站点的日降水量，冻融侵蚀区日均冻融相变水量、年冻融日循环天数、土地利用、植被高度与郁闭度（盖度），土壤侵蚀野外调查单元的地貌类型与部位、微地形状况（坡度和坡向）和冻融侵蚀方式。主要指标定义如下：

日均冻融相变水量：土体中日冻融循环过程发生相变的水的体积。

年冻融日循环天数：冻融日循环是指土壤温度日最大值大于0℃，且日最小值小于0℃时，发生冻和融的日循环过程。年冻融日循环天数是指一年中冻融日循环发生的总天数。

植被盖度/郁闭度：野外调查单元中心点坡面主要植被类型的覆盖度。

平均植株高度：野外调查单元中心点坡面主要植被类型的平均植株高度。

地貌类型：野外调查单元中心点坡面的地貌类型。

地貌部位：野外调查单元中心点坡面的地貌部位。

坡度：野外调查单元中心点坡面的坡度。

坡向：野外调查单元中心点坡面的坡向。

二、侵蚀沟道

侵蚀沟道的普查内容包括沟道的位置、几何特征等，普查指标包括侵蚀沟道的起讫经度、起讫纬度、沟道面积、沟道长度和沟道纵比。对于东北黑土区的沟道，还要判断其类型。主要指标定义如下：

沟道面积：侵蚀沟道沟缘线以下面积。

沟道长度：沿侵蚀沟道从沟头中心到沟口中心的距离。

沟道纵比：侵蚀沟道主沟沟头与沟口高程之差与主沟沟道长度的比值，即 $I=h/L$。其中，I 为沟道纵比；h 为沟道的流程高差；L 为沟道长度。

沟道类型：东北黑土区的侵蚀沟道分为稳定沟和发展沟两种类型。稳定沟是指沟谷不再下切加深，沟头和沟边不再发展，植被盖度大于30％的侵蚀沟道；除此之外的沟道为发展沟。

三、水土保持措施

（一）水土保持措施普查指标

普查指标包括基本农田（梯田、坝地和其他基本农田）、水土保持林、经济林、种草、封禁治理及其他治理措施的面积，淤地坝的数量与已淤地面积，坡面水系工程的控制面积和长度，以及小型蓄水保土工程的数量和长度。主要指标定义如下：

基本农田：人工修建的能抵御一般旱、涝等自然灾害、保持高产稳产的农作土地，包括梯田、坝地和其他基本农田等 3 类。

水土保持林：以防治水土流失为主要功能的人工林，按其功能可分为坡面防护林、沟头防护林、沟底防护林、塬边防护林、护岸林、水库防护林、防风固沙林和海岸防护林等。包括乔木林、灌木林两类。

经济林：利用林木的果实、叶片、皮层、树液等林产品供人食用或作为工业原料或作为药材等为主要目的而培育和经营的人工林。

种草：在水土流失地区，为蓄水保土、改良土壤、发展畜牧、美化环境而种植的草本植物，即人工种草。林草间作的计作乔木林、灌木林或经济林。

封禁治理：对稀疏植被采取封禁管理，利用自然修复能力，辅以人工补植和抚育，促进植被恢复，控制水土流失，改善生态环境的一种生产活动。采取封育管护措施后，林草郁闭度达 80％以上时统计封禁治理面积；对于高寒草原区、干旱草原区植被盖度达到 30％或者 40％以上时统计封禁治理面积。

其他治理措施：基本农田、水土保持林、经济林、种草和封禁治理等 5 项水土保持措施以外的，可以按面积计算的水土流失治理措施。

淤地坝：在多泥沙沟道修建的以控制沟道侵蚀、拦泥淤地、减少洪水和泥沙灾害为主要目的的沟道治理工程设施。按库容，分为小型淤地坝（库容 1 万～10 万 m³）、中型淤地坝（库容 10 万～50 万 m³）和治沟骨干工程（库容 50 万～500 万 m³）。

坡面水系工程：在坡面修建的用以拦蓄、疏导地表径流，防治山洪危害，发展山区灌溉的水土保持工程设施，主要分布在我国南方地区，如引水沟、截水沟和排水沟等。

小型蓄水保土工程：为拦截天然来水、增加水资源利用率和防止沟头前进、沟岸扩张而修建的具有防治水土流失作用的水土保持工程（淤地坝和坡面水系工程除外）。包括点状、线状两类。

（二）水土保持治沟骨干工程普查指标

普查指标包括治沟骨干工程名称、控制面积、总库容、已淤库容、坝顶长度、坝高和所属项目。主要指标定义如下所示。

控制面积：治沟骨干工程上游集水区的面积。

总库容：治沟骨干工程拦泥库容和滞洪库容的总和。

已淤库容：治沟骨干工程已经拦蓄淤积泥沙的体积。

坝顶长：从治沟骨干工程左坝肩到右坝肩的长度。

坝高：治沟骨干工程坝体的最大高度。

所属项目：治沟骨干工程所属的建设、设计、审批的项目名称。填写所属项目代码。有关的项目名称及代码如下：国家水土保持重点建设工程为1、黄河中上游水土保持重点防治工程为2、黄土高原水土保持世行贷款项目为3、农业综合开发水土保持项目为4、黄土高原水土保持淤地坝工程为5、其他为6（上述项目以外的其他项目）。

第三节　普查主要成果

第一次全国水利普查水土保持情况普查，首次运用野外调查与定量评价相结合的方法摸清了土壤侵蚀的面积、强度与分布；首次采用地面调查与遥感技术相结合的方法，全面查清了西北黄土高原区和东北黑土区的侵蚀沟道的数量、面积、分布与几何特征；采用资料分析与实地考察相结合的方法，查清了水土保持措施的类型、数量与分布。经国务院批准，水利部和国家统计局于2013年3月联合发布《第一次全国水利普查公报》。依据《中华人民共和国水土保持法》，水利部于2013年5月发布了《第一次全国水利普查水土保持情况公报》。主要结果如下：

（1）水力侵蚀总面积129.32万 km^2，轻度、中度、强烈、极强烈和剧烈侵蚀的面积分别为66.76万 km^2、35.14万 km^2、16.87万 km^2、7.63万 km^2 和2.92万 km^2，分别占侵蚀总面积的51.62%、27.18%、13.04%、5.90% 和2.26%；风力侵蚀总面积165.59万 km^2，各级强度面积分别为71.60万 km^2、21.74万 km^2、21.82万 km^2、22.04万 km^2 和28.39万 km^2，分别占侵蚀总面积的43.24%、13.13%、13.17%、13.31%和17.15%。

同时，本次查清了冻融侵蚀总面积为66.10万 km^2，轻度、中度、强烈、极强烈和剧烈侵蚀的面积分别为34.19万 km^2、18.83万 km^2、12.42万 km^2、0.65万 km^2、0.01万 km^2，分别占侵蚀总面积的51.72%、28.49%、18.79%、0.98%和0.02%。

（2）西北黄土高原区侵蚀沟道共计666719条。其中，黄土丘陵沟壑区侵蚀沟道556425条，占83.46%；黄土高塬沟壑区侵蚀沟道110294条，占

16.54%。东北黑土区侵蚀沟道共计 295663 条。其中，松花江流域侵蚀沟道 224529 条，占 75.94%；辽河流域侵蚀沟道 71134 条，占 24.06%。

（3）水土保持措施。

1）水土保持措施面积。水土保持措施面积 98.86 万 km² （不包含军事区水土保持措施面积）。其中，工程措施 20.03 万 km²，植物措施 77.55 万 km²，其他措施 1.28 万 km²。

2）黄土高原淤地坝。共有淤地坝 58446 座，淤地面积 927.57km²，其中，库容在 50 万～500 万 m³ 的治沟骨干工程 5655 座，总库容 57.01 亿 m³。

第二章 普查技术路线与工作流程

水土保持情况普查包括土壤侵蚀、侵蚀沟道和水土保持措施等 3 类对象，根据各类普查对象评价必需的指标，选用不同的数据采集方法和工作流程。

第一节 土 壤 侵 蚀

本次土壤侵蚀普查包括水力侵蚀、风力侵蚀和冻融侵蚀等 3 种侵蚀类型。基于土壤侵蚀科学研究进展，水力侵蚀和风力侵蚀普查采用了野外调查与模型评价相结合的方法，冻融侵蚀采用了野外调查与加权综合评价的方法。

一、总体技术路线与工作流程

土壤侵蚀普查综合应用了统计报送、地面分层抽样布点、遥感解译、定位查验、空间分析、模型计算与评价等技术方法和手段。通过统计报送获得全国 1981—2010 年 30 年（1981 年前未建站的区域，登记建站以来的）降雨、风力等气象资料，计算土壤侵蚀的降雨侵蚀力因子、风力因子等外营力因素。利用国家普查土壤资料，计算水力侵蚀的土壤可蚀因子。利用 DEM（数字高程模型）数据，提取土壤侵蚀的地形因子。通过对 SPOT/ASTER、HJ - 1、MODIS、AMSR - E、PALSAR 等遥感数据解译与反演，获得植被、土地利用、表土湿度、年冻融日循环天数、日均冻融相变水量等侵蚀影响因子。利用野外调查单元数据经过空间分析获得水土保持工程措施、耕作措施、地表粗糙度等侵蚀因子。利用侵蚀模型定量计算土壤侵蚀量，综合分析水力侵蚀、风力侵蚀、冻融侵蚀的面积、强度和分布。普查总体技术路线见图 2 - 1 - 1。

本次普查中，为获得充分的野外信息支持，按照分层抽样方式确定了土壤侵蚀野外调查单元。在每个野外调查单元内，现场调查土地利用、植被、水土保持措施、地表粗糙度、地表覆被等土壤侵蚀的主要影响因素状况，并拍摄实景照片。

按工作流程分解，土壤侵蚀普查包括资料准备、野外调查、数据处理上报和土壤侵蚀状况评价等 4 个环节，见图 2 - 1 - 2。

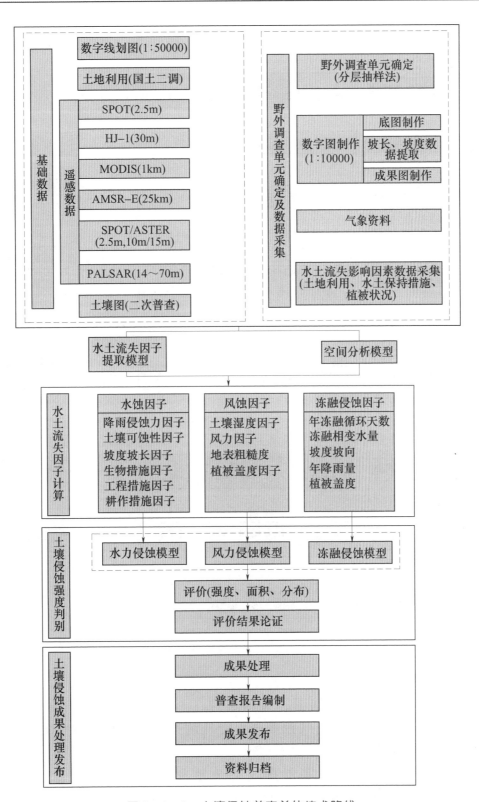

图2-1-1 土壤侵蚀普查总体技术路线

图 2-1-2 土壤侵蚀普查工作流程

（一）资料准备

普查资料包括土地利用图、遥感影像、土壤图、1：50000数字线划图（DLG）、1：10000地形图、气象数据、野外调查单元分布地形图图幅号和野外调查单元工作底图等。

国务院水利普查办公室负责收集土地利用图、遥感影像、土壤图、1：50000数字线划图（DLG），布设土壤侵蚀普查野外调查单元，确定土壤侵蚀普查野外调查单元分布地形图图幅号。

省级普查机构按照县级行政区划收集相关县份的日降水量、风速和风向数据，按照野外调查单元分布地形图图幅号收集 1∶10000 地形图（如果辖区内没有 1∶10000 地形图，则选择国务院水利普查办公室下发的 1∶50000 地形图），制作野外调查单元工作底图并下发县级普查机构。

（二）野外调查

野外调查工作由县级普查机构负责，主要任务包括：实地确定野外调查单元，在省级普查机构下发的野外调查单元工作底图上勾绘地块边界、填写调查表、拍摄实景照片、整理野外调查成果等。

（三）数据处理上报

数据处理上报是对野外调查单元调查数据进行处理与上报，由省级和县级普查机构完成。县级普查机构负责整理上报水力侵蚀、风力侵蚀和冻融侵蚀野外调查表（纸质和电子），水力侵蚀和冻融侵蚀野外调查清绘图，景观照片以及风速、风向数据，并上报普查材料。省级普查机构负责审核县级普查机构上报的数据，汇总野外调查单元水土保持措施，数字化野外调查成果图、建立地块属性表，收集日降水量数据，并上报普查材料。

（四）土壤侵蚀状况评价

土壤侵蚀状况评价由国务院水利普查办公室组织技术支撑单位完成。通过国务院水利普查办公室收集的土地利用图、遥感影像、土壤图、1∶50000数字线划图（DLG）以及省级与县级普查机构获得的气象数据、水力侵蚀、风力侵蚀和冻融侵蚀野外调查指标，分别计算水力侵蚀、风力侵蚀和冻融侵蚀因子，根据侵蚀模型计算土壤侵蚀量，并对侵蚀量汇总进行土壤侵蚀现状评价。

二、野外调查单元布设

野外调查单元是指在野外进行土壤侵蚀指标调查的空间范围，平原区为 1km×1km 网格，丘陵区和山区为 0.2～3km² 的小流域。它是实地获得野外调查数据的基础，为将来计算不同区域各级土壤侵蚀强度提供数据支撑。

（一）野外调查单元布设原则

全国土壤侵蚀野外调查单元布设遵循两个原则：一是按不同侵蚀类型区分不同密度布设；二是有针对性删减。根据土壤侵蚀主导外营力，将全国分为水力侵蚀区、风力水力交错侵蚀区、风力侵蚀区和冻融侵蚀区，分别按不同密度布设。水力侵蚀区全部以 1% 密度布设水力侵蚀野外调查单元；风力水力交错侵蚀区以 1% 密度布设水力侵蚀野外调查单元，以 0.25% 密度布设风力侵蚀野外调查单元；风力侵蚀区以 0.25% 密度布设风力侵蚀野外调查单元，并在新疆伊犁谷地以 0.25％密度布设水力侵蚀野外调查单元；冻融侵蚀区海拔 5500m 以上不布设野外调查单元，海拔 5000～5500m 人类活动较弱区域按 0.06％密度布设野外调查单元。此外，在西藏"一江两河"农业区，以 0.25％密度布设水力侵蚀野外调查单元。在上述基础上，由省级普查机构根据本省（自治区、直辖市）土壤侵蚀的实际情况，主要在水力侵蚀区和风力水力交错侵蚀区等，将平原区、城区、林区等水力侵蚀野外调查单元的布设密度进一步降低。

（二）野外调查单元布局设计

在全国按网格采用分层不等概系统抽样方法布设。网格共分为 4 层（图 2-1-3）：第一层网格为 40km×40km，称为县级区；第二层网格在第一层基础上，划分为 10km×10km，称为乡级区；第三层网格在第二层基础上，划分为 5km×5km，称为控制区；第四层网格在第三层基础上，划分为 1km×1km，称为基本调查单元。以第四层网格（1km×1km）为基础，先按 4％密度确定每个控制区（5km×5km）的中心网格，然后以此为基础遵循上述原则按设计密度删减。依据全国 1：400 万土地利用图，在冰川、永久雪地、沙漠、戈壁、沼泽、大型湖泊和水库等区域不布设野外调查单元，实际布设野外调查单元的面积约为 774.6 万 km²。

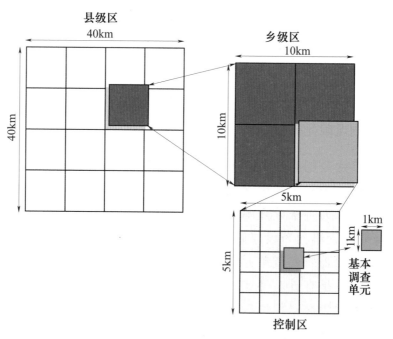

图 2-1-3　全国土壤侵蚀野外调查单元布设

分层划分示意图

（三）野外调查单元布设结果

全国共布设野外调查单元 34436 个（表 2-1-1），其中仅进行水力侵蚀调查的单元 30332 个，仅进行风力侵蚀调查的单元 868 个，仅进行冻融侵蚀调查的单元 500 个，同时进行水力侵蚀和风力侵蚀调查的单元 1609 个，同时进行水力侵蚀和冻融侵蚀调查的单元 997 个，同时进行风力侵蚀和冻融侵蚀调查的单元 120 个，同时进行水力侵蚀、风力侵蚀和冻融侵蚀调查的单元 10 个。野外调查单元个数按照其地理位置统计，需要进行水力侵蚀、风力侵蚀或者冻融侵蚀等多种调查类型的单元不重复统计。其中北京、天津、上海、江苏、浙江、安徽、福建、江西、山东、河南、湖北、湖南、广东、广西、海南、重庆和贵州等 17 个省（自治区、直辖市）只有水力侵蚀野外调查单元，内蒙古、甘肃、青海和新疆等 4 个省（自治区）有风力侵蚀野外调查单元，云南、西藏、甘肃、青海和新疆等 5 个省（自治区）有冻融侵蚀野外调查单元。

表 2-1-1　　全国各省（自治区、直辖市）野外调查单元数量

省 （自治区、 直辖市）	水力侵蚀	水力侵蚀 风力侵蚀	风力侵蚀	水力侵蚀 冻融侵蚀	风力侵蚀 冻融侵蚀	冻融侵蚀	水力侵蚀 风力侵蚀 冻融侵蚀	总计
全国	30332	1609	868	997	120	500	10	34436
北京	824	0	0	0	0	0	0	824
天津	38	0	0	0	0	0	0	38
河北	1171	92	0	0	0	0	0	1263
山西	1124	27	0	0	0	0	0	1151
内蒙古	108	658	135	73	0	0	10	984
辽宁	1234	49	0	0	0	0	0	1283
吉林	668	157	0	0	0	0	0	825
黑龙江	1569	91	0	64	0	0	0	1724
上海	13	0	0	0	0	0	0	13
江苏	424	0	0	0	0	0	0	424
浙江	1004	0	0	0	0	0	0	1004
安徽	1313	0	0	0	0	0	0	1313
福建	491	0	0	0	0	0	0	491
江西	1633	0	0	0	0	0	0	1633
山东	1138	0	0	0	0	0	0	1138
河南	995	0	0	0	0	0	0	995

续表

省 （自治区、 直辖市）	水力侵蚀	水力侵蚀 风力侵蚀	风力侵蚀	水力侵蚀 冻融侵蚀	风力侵蚀 冻融侵蚀	冻融侵蚀	水力侵蚀 风力侵蚀 冻融侵蚀	总计
湖北	1238	0	0	0	0	0	0	1238
湖南	1964	0	0	0	0	0	0	1964
广东	591	0	0	0	0	0	0	591
广西	2319	0	0	0	0	0	0	2319
海南	83	0	0	0	0	0	0	83
重庆	788	0	0	0	0	0	0	788
四川	2271	0	0	293	18	0	0	2582
贵州	1097	0	0	0	0	0	0	1097
云南	2811	0	0	0	0	2	0	2813
西藏	82	0	0	114	6	226	0	428
陕西	1719	56	0	0	0	0	0	1775
甘肃	1079	55	221	4	3	14	0	1376
青海	18	0	58	418	93	29	0	616
宁夏	257	96	0	0	0	0	0	353
新疆	268	328	454	31	0	229	0	1310

三、水力侵蚀影响因素数据采集与强度评价方法

（一）水力侵蚀模型

土壤水力侵蚀模型的基本形式为

$$M = RKLSBET \qquad (2-1-1)$$

式中　　M——水力侵蚀模数，$t/(hm^2 \cdot a)$；

R——降雨侵蚀力因子，$MJ \cdot mm/(hm^2 \cdot h \cdot a)$；

K——土壤可蚀性因子，$t \cdot hm^2 \cdot h/(hm^2 \cdot MJ \cdot mm)$；

L——坡长因子，无量纲；

S——坡度因子，无量纲；

B——覆盖与生物措施因子，无量纲；

E——工程措施因子，无量纲；

T——耕作措施因子，无量纲。

（二）降雨侵蚀力因子

降雨侵蚀力因子（简称 R 因子）表示雨滴击溅和径流冲刷引起土壤侵蚀的潜在能力，用降雨动能 E 和最大 $30\min$ 雨强 I_{30} 的乘积 EI_{30} 表征。计算 EI_{30} 需要详细的降雨过程资料，难以获得，本次普查使用日降雨资料估算。通过数据质量审核，最终确定采用的测站总数为 2678 个。

利用冷暖季日雨量估算模型，计算 1981—2010 年年均降雨侵蚀力和 24 个半月降雨侵蚀力。

$$\bar{R} = \sum_{k=1}^{24} \bar{R}_{\text{半月}k} \quad (k=1,2,\cdots,24,\text{将一年划分为 24 个半月})$$

$$(2-1-2)$$

$$\bar{R}_{\text{半月}k} = \frac{1}{N} \sum_{i=1}^{N} \sum_{j=0}^{m} (\alpha P_{i,j,k}^{1.7265})$$

$$\big[i=1,2,\cdots,N,\text{为所用降雨资料年份序列的编号;}$$

$$j=0,\cdots,m,\text{为第 } i \text{ 年第 } k \text{ 个半月内侵蚀性降雨日的数量}$$

$$(\text{侵蚀性降雨日指日雨量不小于 } 12\text{mm}) \big] \qquad (2-1-3)$$

$$\overline{WR}_{\text{半月}k} = \frac{\bar{R}_{\text{半月}k}}{\bar{R}} \qquad (2-1-4)$$

式中　$\bar{R}$——多年平均年降雨侵蚀力，$MJ \cdot mm/(hm^2 \cdot h \cdot a)$；

$\bar{R}_{\text{半月}k}$——第 k 个半月的降雨侵蚀力，$MJ \cdot mm/(hm^2 \cdot h)$；

$P_{i,j,k}$——第 i 年第 k 个半月第 j 个侵蚀性日雨量，mm，如果某年某个半月内没有侵蚀性降雨量，即 $j=0$，则令 $P_{i,j,k}=0$；

α——参数，暖季（5—9 月）$\alpha=0.3937$，冷季（10—12 月，1—4 月）$\alpha=0.3101$；

$\overline{WR}_{\text{半月}k}$——第 k 个半月平均降雨侵蚀力（$\bar{R}_{\text{半月}k}$）占多年平均年降雨侵蚀力（$\bar{R}$）的比例。

对站点降雨侵蚀力采用克吕格方法进行空间插值，得到全国 R 因子和 24 个半月 R 因子占年 R 因子的比例栅格图层。按全国 1:25 万地形图分幅，采用 WGS 84 - Albers 投影，空间分辨率为 30m。

（三）土壤可蚀性因子

土壤可蚀性因子（简称 K 因子）是指土壤具有抵抗雨滴打击分离土壤颗粒和径流冲刷的能力，由土壤理化性质决定。比较精确的指标是用标准小区观测的土壤流失量除以降雨侵蚀力，即标准小区单位降雨侵蚀力形成的土壤流失量。标准小区是指坡长 22.13m，坡度 9%，保持连续清耕休闲状态的小区，要求经常清除杂草，以保证植被盖度不大于 5% 且无结皮。考虑到标准小区观测资料有限，本次普查采用土壤理化性质指标利用公式进行估算。通过收集全国 31 个省（自治区、直辖市）第二次土壤普查的土种志和土壤类型图资料，细化整理了全国 16493 个土壤剖面数据；通过采集分析土壤样品和查阅文献，更新了 1065 个土壤数据；通过扫描和数字化各省（自治区、直辖市）土壤类型图，得到全国分省土壤类型矢量图及其属性表。最终计算了 7764 个土种的 K 因子值，并通过面积加权归并得到 3366 个土属、1597 个亚类和 670 个土类的 K 因子值，最终生成全国按 1：25 万地形图分幅的土壤可蚀性因子栅格图。

1. 资料收集与数字化

资料收集包括两部分：土壤属性数据及其对应的土壤类型图。

土壤属性数据来源于第二次全国土壤普查成果，由农业部、全国土壤普查办公室组织领导，历时 16 年（1979—1994 年），共完成了 2444 个县、312 个国营农（牧、林）场和 44 个林业区的土壤普查。全国土壤普查办公室编写了《中国土种志》（共 6 卷），列述了 2473 个土种，分属于 60 个土类、203 个亚类、402 个土属，具有较广泛的代表性和区域特色。本次普查收集了全国 31 个省（自治区、直辖市）的土种志资料，包括已出版的省份（黑龙江、吉林、辽宁、陕西、内蒙古、甘肃、宁夏、江苏、河南、浙江、湖北、湖南、四川、西藏）和《中国土种志》，对收集不到正式出版土种志资料的省份，采用中国科学院南京土壤研究所资料室保存的第二次土壤普查内部资料（河北、山东、江西、福建、广东、广西、海南、云南、贵州、青海和新疆共 29 本油印资料）。此外，还收集了全国 31 个省（自治区、直辖市）土壤类型图，包括 7 个省份 1：20 万土壤图（北京、天津、上海、重庆、宁夏、黑龙江和甘肃），19 个省份 1：50 万土壤图，5 个省份 1：100 万土壤图（广东、西藏、新疆、青海和内蒙古）。

所有纸质图均扫描为 TIFF 格式的电子图，共得到 445 个图形文件，数据总量达 17.5G。然后采用人工逐点跟踪方式数字化，WGS84－Albers 投影。最终形成面状矢量数据，其属性字段包括土壤代码、土属名称或土种名称、亚类名称和土类名称等。

2. 土壤分类分级体系细化与属性处理

K 因子值计算以土种属性为基础，采用的指标包括表层土壤有机质含量（％）、机械组成［粗砂 2～0.2mm、细砂 0.2～0.02mm、粉砂 0.02～0.002mm 和黏粒小于 0.002mm 含量（％）］、土壤渗透等级和土壤结构等级。需要将收集的各省（自治区、直辖市）土种志土壤分类分级体系细化到土种，然后以土种为单位输入上述指标。具体处理过程如下：

（1）土壤分类分级体系细化。对于土壤类型图属性表中划分到土属的条目，需根据土种志资料找到该土属对应的土种类型，列在土属条目下。若属性表中条目划分到亚类，需先找到该亚类对应的土属，再找到各土属对应的土种；若属性表中条目划分到土类，需先找出对应的亚类，再找出对应的土属和土种。列出的土种、土属或亚类的数量须占其所属上一级土壤类型包含数量的80%以上，如：某一土属共有5个土种，则须列出至少4个土种。

（2）分布面积处理。若土壤类型图属性表的属性记录已经为土种，则直接成图，不需要向土属归并，也不用输入面积；若属性记录到土属，则需输入其包含土种的分布面积；若到亚类，则需输入其包括的土属和土种分布面积；若到土类，则需输入其包括的亚类、土属和土种分布面积。

（3）土壤机械组成处理。计算 K 因子值采用的是美国制机械组成粒径分级，需将土种志采用的国际制分类转换为美国制，采用两种方法：一是函数拟合法，二是插值法。

（4）土壤渗透等级处理。利用转化为美国制的机械组成，查表2-1-2获得该土种的土壤质地；再根据土壤质地，查表2-1-3获得该土种的土壤渗透等级。

（5）土壤结构等级处理。利用土种志记录的结构查表2-1-4判断。

表 2-1-2 美国制土壤质地分类标准

质地分类		含量/%		
类别	名称	黏粒 （<0.002mm）	粉砂粒 （0.002~0.05mm）	砂粒 （0.05~2mm）
砂土类	砂土	0~10	0~15	85~100
	壤砂土	0~15	0~30	70~90
	粉砂土	0~12	80~100	0~20
壤土类	砂壤土	0~20	0~50	43~100
	壤土	8~28	28~50	23~52
	粉壤土	0~28	50~88	0~50
黏壤土类	砂黏壤土	20~35	0~28	45~80
	黏壤土	28~40	15~53	20~45
	粉砂黏壤土	28~40	40~72	0~20
黏土类	砂黏土	35~55	0~20	45~65
	粉砂黏土	40~60	40~60	0~20
	黏土	40~100	0~40	0~45

表 2 - 1 - 3 　　　　　　**土壤质地对应的土壤渗透等级查对表**

土壤质地	土壤渗透等级	饱和导水率 /（mm/h）
粉砂黏土，黏土	6	≤1.02
粉砂黏壤土，砂黏土	5	1.02～2.04（含）
砂黏壤土，黏壤土	4	2.04～5.08（含）
壤土，粉壤土	3	5.08～20.32（含）
壤砂土，粉壤土，砂壤土	2	20.32～60.96（含）
砂土	1	＞60.96

表 2 - 1 - 4 　　　　　　　　　　**土壤结构系数查对表**

结构		大小/mm	土壤结构等级	备注
立体结构	块状结构	＞20	4	不耐水
	团块状结构 大团块状结构	10～20（含）	4	较耐水
	团块状结构 中团块状结构	1～10（含）	3	
	团块状结构 小团块状结构	0.25～1（含）	2	
	核状结构 大核状结构	10～20（含）	4	很耐水
	核状结构 中核状结构	7～10（含）	3	
	核状结构 小核状结构	5～7（含）	3	
	粒状结构 大粒状结构	3～5（含）	3	很耐水
	粒状结构 中粒状结构	1～3（含）	2	
	粒状结构 小粒状结构	0.5～1（含）	1	
棱柱状结构	柱状结构	30～50	4	不耐水
	棱状结构	30～50	4	不耐水
板状结构	板状结构	3～5（含）	4	不耐水
	片状结构	1～3（含）	4	不耐水
	薄片状结构	≤1	4	不耐水

　　最终共细化整理了全国 16493 个土壤剖面数据，构建了土壤属性数据库。采用其中的 7764 个土种表层属性数据计算 K 因子值（表 2 - 1 - 5），表层土种数据量是《中国土种志》中记录土种表层数据的 4 倍。

表 2-1-5 **全国各省（自治区、直辖市）计算 K 值的相关资料信息**

省（自治区、直辖市）	土种数量	土属数量	亚类数量	土类数量	实测土样数量	文献土样数量	土壤图比例尺
合计	7764	3366	1646	670	950	115	—
北京	59	24	24	9	20	0	1：20 万
天津	224	56	17	6	0	0	1：20 万
河北	360	170	101	21	0	6	1：50 万
山西	347	127	40	17	0	5	1：50 万
内蒙古	151	170	107	37	7	3	1：100 万
辽宁	209	119	62	30	19	19	1：50 万
吉林	184	117	62	30	28	0	1：50 万
黑龙江	151	91	7	19	65	0	1：20 万
上海	92	25	7	4	0	0	1：20 万
江苏	175	113	36	15	16	0	1：50 万
浙江	337	102	20	35	14	1	1：50 万
安徽	216	115	33	22	23	3	1：50 万
福建	211	89	27	16	8	3	1：50 万
江西	245	65	25	13	12	0	1：50 万
山东	258	82	81	16	15	0	1：50 万
河南	124	123	39	17	15	6	1：50 万
湖北	398	134	31	14	15	3	1：50 万
湖南	345	104	29	12	0	12	1：50 万
广东	546	132	36	18	15	6	1：100 万
广西	343	113	107	19	0	3	1：50 万
海南	194	117	30	14	15	0	1：100 万
重庆[①]	—	—	—	—	0	3	1：20 万
四川	379	136	59	25	9	4	1：50 万
贵州	373	115	51	53	0	20	1：50 万
云南	376	163	135	19	0	8	1：50 万
西藏	134	105	69	29	611	0	1：100 万
陕西	282	136	53	25	43	0	1：50 万
甘肃	205	203	124	44	0	9	1：20 万
青海	229	80	46	34	0	0	1：100 万
宁夏	202	76	100	17	0	1	1：20 万
新疆	415	164	88	40	0	0	1：100 万

① 第二次全国土壤普查将现在的重庆市包含在四川省内。

3. 土壤可蚀性计算方法

采用美国通用土壤流失方程（Universal Soil Loss Equation，USLE）中的土壤可蚀性估算公式：

$$K = [2.1 \times 10^{-4} M^{1.14} (12 - OM) + 3.25(S - 2) + 2.5(P - 3)]/100$$

$$(2 - 1 - 5)$$

其中　　　　　　　$M = N_1(100 - N_2)$ 或者 $M = N_1(N_3 + N_4)$

式中　N_1——0.002~0.1mm 粒径的百分含量，%；

　　　N_2——小于 0.002mm 粒径的百分含量，%；

　　　N_3——0.002~0.05mm 粒径的百分含量，%；

　　　N_4——0.05~2mm 粒径的百分含量，%；

　　　OM——土壤有机质含量，%；

　　　S——土壤结构系数；

　　　P——土壤渗透性等级。

由于该公式计算有机质含量较高的土壤可蚀性时会出现负值，此种情况下采用侵蚀影响生产力（Erosion - Productivity Impact Calculator，EPIC）模型中的公式计算：

$$K = \left\{ 0.2 + 0.3 \exp\left[-0.0256 S_a \left(1 - \frac{S_i}{100}\right) \right] \right\} \left(\frac{S_i}{C_l + S_i} \right)^{0.3}$$

$$\times \left[1 - \frac{0.25C}{C + \exp(3.72 - 2.95C)} \right] \left[1 - \frac{0.7S_n}{S_n + \exp(-5.51 + 22.9S_n)} \right]$$

$$(2 - 1 - 6)$$

其中　　　　　　　　　　$S_n = 1 - S_a/100$

式中　S_a——0.05~2mm 砂粒百分含量，%；

　　　S_i——0.002~0.05mm 粉砂百分含量，%；

　　　C_l——小于 0.002mm 黏粒百分含量，%；

　　　C——有机碳含量，%。

计算出土种 K 值后需要向上一级归并。以土壤类型图中的土壤代码为依据，对于图斑属性已经是土种的条目不再归并；图斑属性是土属、亚类和土类的条目按以下原则归并：①土属条目，根据该土属下各土种的分布面积，对土种 K 值加权平均，归并得到土属 K 值；对于无法得到土种分布面积的条目，直接取各土种 K 值的算术平均值作为土属 K 值；②亚类条目，先按土属条目的归并方法，由土种 K 值归并得到该亚类下各个土属 K 值，然后基于各土属的分布面积将土属 K 值加权平均归并到亚类；如无法获取土属分布面积，取各土属 K 值的算术平均值作为亚类 K 值；③土类条目，先按以上两条归并方法得到该土类条目下的亚类 K 值，再基于各亚类分布面积将 K 值加权平均归并到土类；如无法得到亚类面积，则取各亚类 K 值的算术平均值作为土类 K 值。

针对某些区域的特殊问题，进行计算方法的优化处理：

（1）黑土区采用以下修正式，重新计算极细砂粒含量。

$$f_{vfs} = 0.9803 f_{sand} - 0.1933，R^2 = 0.977，P < 0.01，n = 89$$

$$(2-1-7)$$

式中　f_{vfs}——极细砂粒含量，$0.05 \sim 0.1mm$，%；

　　　f_{sand}——砂粒百分含量，%。

（2）如果土壤有机质含量大于 12%，采用以下修正公式计算 K 值。

$$K = 0.02 K_{USLE} + 0.25，\quad R = 0.43 \quad n = 611 \qquad (2-1-8)$$

式中　K_{USLE}——根据式（2-1-5）计算的 K 值。

（3）东北薄层黑土区采用以下修正公式计算。

$$K = 0.9608 K_{USLE} - 0.0571，\quad R^2 = 0.9334，\quad P < 0.01，\quad n = 178$$

$$[2-1-9(a)]$$

$$K = 1.5876 K_{EPIC} - 0.3718，\quad R^2 = 0.7623，\quad P < 0.01，\quad n = 178$$

$$[2-1-9(b)]$$

式中　K_{USLE}——根据式（2-1-5）计算的 K 值；

　　　K_{EPIC}——根据式（2-1-6）计算的 K 值。

（四）地形因子

地形因子包括坡长因子和坡度因子（分别简称 L 因子和 S 因子）。坡长因子定量反映了坡长与土壤流失量之间的关系，它是指其他条件（降雨、土壤、坡度和水土保持措施等）一致的情况下，某一坡长的土壤流失量与坡长为 22.13m 时的土壤流失量之比。坡度因子定量反映了坡度与土壤流失量之间的关系，它是指其他条件（降雨、土壤、坡长和水土保持措施等）一致的情况下，某一坡度的土壤流失量与坡度为 9% 时的土壤流失量之比。

本次普查计算坡长和坡度因子的资料来自全国各省（自治区、直辖市）上报的野外调查单元等高线矢量数据，利用开发的土壤流失量计算系统（Soil Loss Calculation，SLC），通过空间插值生成 WGS84-Albers 投影、$10m \times 10m$ 分辨率的 DEM 图层；再通过流向和栅格坡长计算、局地山顶点和坡度变化点的提取等，分别计算坡度和坡长；最后根据坡度因子和坡长因子公式，计算全国 32948 个水力侵蚀野外调查单元的坡长因子和坡度因子图层。

坡长因子采用分段坡公式计算：

$$L_i = \frac{\lambda_i^{m+1} - \lambda_{i-1}^{m+1}}{(\lambda_i - \lambda_{i-1})(22.13)^m} \qquad (2-1-10)$$

式中 λ_i 和 λ_{i-1}——第 i 个和第 $i-1$ 个坡段的坡长，m；

$\quad\quad m$——坡长指数，随坡度而变。

$$m = \begin{cases} 0.2, & \theta \leqslant 1° \\ 0.3, & 1° < \theta \leqslant 3° \\ 0.4, & 3° < \theta \leqslant 5° \\ 0.5, & \theta > 5° \end{cases} \qquad (2-1-11)$$

分段坡的坡度因子计算公式：

$$S = \begin{cases} 10.8\sin\theta + 0.03, & \theta < 5° \\ 16.8\sin\theta - 0.5, & 5° \leqslant \theta < 10° \\ 21.9\sin\theta - 0.96, & \theta \geqslant 10° \end{cases} \qquad (2-1-12)$$

式中 S——坡度因子，弧度值，无量纲；

$\quad\quad \theta$——坡度，（°）。

（五）覆盖与生物措施因子

覆盖与生物措施因子（简称 B 因子）是指覆盖与生物措施条件下的土壤流失量与同等（降雨、土壤、坡度和坡长等）条件下清耕休闲的土壤流失量之比，一般利用小区观测获得。由于涉及的植被类型多样，植被盖度多变，本次普查利用遥感和地面调查相结合的方法：首先获得不同植被类型全年 24 个半月植被郁闭度或盖度，然后采用郁闭度或盖度与 B 因子值关系的已有研究成果，分别按照园地、林地、草地和农地计算不同土地利用类型全年 24 个半月时段的土壤流失比率 B_i，再以各半月时段降雨侵蚀力比例为权重，得到年平均 B 因子值。最终生成全国按 1∶25 万地形图分幅、全年 24 个半月植被盖度与土壤流失比率 B_i 和年平均 B 因子栅格图。

1. 遥感数据收集

计算全国植被盖度采用的遥感数据来自三方面。一是最新 30m 分辨率 HJ-1 多光谱反射率数据，3 期共计 2283 个 1∶25 万地形图分幅，用于计算一年 24 个半月 NDVI 和植被盖度。二是 2010 年 1∶10 万全国土地利用图，用于按土地利用类型计算 NDVI 和植被盖度。三是 MODIS 传感器数据，主要包括①低空间分辨率时间序列的 NDVI 数据：MODIS 反射率产品（MCD43B4，NBAR），空间分辨率为 1km，时间分辨率为 16 天，时间为 2005—2010 年共 6 年序列，用于生成 NDVI 时间序列，共计 2240 个区块；②低空间分辨率的 MODIS 分类产品：MOD12Q1，空间分辨率为 1km，时间为 2004 年；③MODIS Albedo Quality Assurance 产品（MOD43B2）用于质量控制，以消除 NDVI 时间序列中云的影响。

2. 时间序列高分辨率 NDVI 生成

（1）HJ－1 数据和 MODIS 数据配准。为了和其他数据匹配，使用 MODIS 投影转换工具 MRT（MODIS Reprojection Tools），将 MODIS NBAR 反射率数据和 MODIS Land Cover 数据由 SIN 投影转换到 WGS84－Albers 投影。

（2）HJ－1 NDVI 数据分布图生成。在对 HJ－1 多光谱数据大气纠正和角度订正的基础上，利用其近红外和红光反射率计算 NDVI。

（3）不同地类 MODIS NDVI 纯像元提取。为消除混合像元的影响，将全国 1∶10 万土地利用数据和 MODIS Land Cover 结合，提取各类植被的纯像元，具体步骤：将研究区 1∶10 万土地利用数据重采样为 30m，并与 1km 分辨率的 MODIS 分类产品 MOD12Q1 叠加，判断 MODIS 像元所覆盖的 30m 分辨率的像元类别，计算其在该 MODIS 像元内所占百分比。如假设一个类别为 T_m、分辨率为 1km 的 MODIS 像元中包含 N 个 30m 分辨率像元，N 个 30m 分辨率像元中包含类别为 T_a、T_b、T_c 的像元分别有 N_a、N_b、N_c 个，则各类别在这 1 个 MODIS 像元中所占百分比分别为 N_a/N、N_b/N、N_c/N，若 T_m 与 T_a 对应，且 $N_a/N > 90\%$，则认为该 MODIS 像元为 1 个纯像元。选取了 MODIS 分类产品 MOD12Q1 的植被功能分类产品，其分类系统与 1∶10 万土地利用数据分类系统不同，采用了表 2－1－6 所列的类别对应方式。

表 2－1－6　　　　　　　不同分类系统对应的类别

1∶10 万土地利用图分类	MOD12Q1 植被分类	采用的类别
林地、疏林地、其他林地	常绿针叶林、常绿阔叶林、落叶针叶林、落叶阔叶林	林地
灌木林地	灌丛	灌木林地
高、中、低覆盖度草地	草地	草地
水田、旱地	谷类作物、阔叶作物	耕地
水域	积雪和水	水域
城镇用地、农村居民点用地、公交建设用地	建筑用地	建筑用地
未利用土地	裸地和荒漠	未利用土地

（4）MODIS NDVI 时间序列的提取。利用 MODIS NBAR NDVI 数据和上面得到的各类别所占百分比图像，并结合 MODIS QA（MOD43B2）数据，计算研究区各植被类别的 NDVI 时间序列：

$$\mathrm{NDVI}(t) = \frac{1}{6N} \sum_{y=2004}^{2010} \sum_{n=1}^{N} \mathrm{NDVI}(t, y, n) \qquad (2-1-13)$$

式中　　　　　　　　　t——时间（$\mathrm{DOY} = 8 \times t^{-7}$）；

DOY（Day of Year）——一年按顺序排列的天数；

N——某一类别纯像元个数；

y——年份；

NDVI（t, y, n）——第 y 年 t 时间某类别第 n 个纯像元的 NDVI 值；

NDVI（t）——某类别 t 时间 NDVI 多年平均值。

（5）高空间、高时间分辨率 NDVI 产品生成。利用连续纠正法，融合 MODIS NDVI 和 HJ－1 NDVI 数据，计算 HJ－1 30m 分辨率、全年 24 个半月各植物类型 NDVI 数据产品。连续纠正法计算公式为

$$x_a(r_i) = x_b(r_i) + \frac{\sum_{j=1}^{n} \omega(r_i, r_j)[x_o(r_j) - x_b(r_j)]}{E_o^2/E_b^2 + \sum_{j=1}^{n} \omega(r_l, r_j)} \qquad (2-1-14)$$

式中　　　　　　　　　x_b——状态变量的背景值，即提取各个类别的 MODIS 多年平均值序列；

$x_o(r_j)$，$j = 1, 2, \cdots, n$——同一变量的一系列观测值，即若干景 HJ－1 NDVI 数据；

E_b^2——背景误差方差；

E_o^2——观测误差方差；

$\omega(r_i, r_j)$——r_i 时刻背景值和 r_j 时刻观测值之间的权重。

3. 全国 1：25 万分幅 30m 空间分辨率植被盖度生成

采用以下公式将 NDVI 转换为植被盖度：

$$FVC = \left(\frac{NDVI - NDVI_{\min}}{NDVI_{\max} - NDVI_{\min}} \right)^{k} \qquad (2-1-15)$$

式中　　　　　　　　　FVC——植被盖度；

$NDVI$——像元 NDVI 值；

$NDVI_{\max}$，$NDVI_{\min}$——像元所在地类的转换系数，在同一类型内，确定 MODIS NDVI 影像中不同植被 NDVI 最大值和裸土 NDVI 最小值所在的像元，取该像元空间范围内的 HJ－1 NDVI 平均值为转换系数；

k——非线性系数，由分区分地类的 MODIS NBAR NDVI 数据与 SPOT/VEGETATION 植被盖度拟合求取。

按全国植被区划分为不同类型区，在每个植被类型区内，针对 24 期每一个时相、每一个 1∶10 万尺度的 NDVI 像元，通过土地利用图地类分配相应的 NDVI 和植被盖度转换系数，再通过公式计算对应的植被盖度值。计算完成后根据不同区划和地类进行平滑处理，以避免 HJ－1 数据不一致造成的干扰。风力侵蚀和冻融侵蚀植被覆盖度的计算同上。

4. 覆盖与生物措施因子计算

根据省级普查机构提交的地块面矢量图的属性表数据，结合得到的遥感植被盖度，计算野外调查单元所有地块 B 因子值，赋值给属性表中的 B 因子字段，并生成 B 因子栅格文件，分辨率为 10m×10m。计算过程如下：

（1）根据 1∶25 万地形图分幅号，以野外调查单元边界面矢量图裁剪该 25 万分幅、30m 分辨率、24 个半月植被盖度栅格图，重采样为 10m×10m 分辨率，得到野外调查单元 24 个半月的植被盖度栅格文件。

（2）根据地块土地利用类型，选择 B 因子的计算方法：如果是耕地和其他土地，赋值为 1；如果是居民点、工矿用地、交通运输用地、水域及其设施用地，赋值为 0；如果是园地、林地、草地，用式（2－1－16）计算：

$$B = \frac{\sum\limits_{i=1}^{24} B_i R_i}{\sum\limits_{i=1}^{24} R_i} \tag{2-1-16}$$

式中　R_i——第 i 个半月的降雨侵蚀力占全年侵蚀力的比率；

　　　B_i——第 i 个半月的土壤流失比例，根据郁闭度或盖度查表获得：如果是果园、其他园地、有林地和其他林地，查表时同时考虑郁闭度和盖度；如果是茶园、灌木林地和草地，查表时只考虑盖度。

（六）工程措施因子和耕作措施因子

工程措施因子（简称 E 因子）是指采取某种工程措施后的土壤流失量与同等条件下无工程措施土壤流失量之比，反映水土保持工程措施的作用。耕作措施因子（简称 T 因子）是指采取某种耕作措施后的土壤流失量与同等条件下传统耕作措施土壤流失量之比，反映水土保持耕作措施的作用。传统耕作一般指顺坡平作或垄作。E 因子和 T 因子都是无量纲参数，一般利用小区资料获得。

我国各地区水土保持工程和耕作措施效益监测与实验数据丰富，本次普查通过广泛收集全国范围内水土保持工程与耕作措施监测资料及发表的研究成果，按统一标准校正后，得到各种工程和耕作措施的因子赋值表。然后基于省级普查机构提交的水力侵蚀野外调查单元地块矢量图，为各个地块的工程和耕作措施因子赋值后，转换为 10m×10m 栅格图层。

1. 工程措施 E 因子值确定

本次普查共收集到已发表论文 186 篇，包括期刊论文、会议论文与学位论文。纸质监测数据汇编和专著等 11 册，包括著作、流域径流泥沙测验资料汇编、省市水土保持试验观测成果汇编、课题组内部野外径流小区实测资料等。摘录资料中的相关信息，包括研究区位置、流失量、工程措施类型、小区坡度、小区坡长、面积、土壤类型、植被类型、对照小区情况、观测年限以及数据出处和参考文献等。同时还摘录资料中对工程措施的描述，避免由于理解不一致导致错误归类。具体处理方法如下：对于参考资料中直接给出 E 因子值的直接摘录；对于给出 E 因子值范围的，取其平均值；对于给出减沙效益的，用 1 减去减沙效益；对于资料中没有直接给出 E 因子值，但能摘录工程措施小区流失量及其对照小区流失量，通过二者比值得到 E 因子值。若工程措施小区与对照小区坡度或坡长不同，进行坡度和坡长因子修正。

对所有直接摘录和经讨计算得到的 E 因子值进行遴选，将不符合标准的数据剔除。判别方法如下：一是将所有 E 因子值按照同一地域、同一类型工程措施归类，按 E 因子值大小排序，剔除异常大或异常小的值；二是尽量采用多年径流小区观测数据，避免因观测年限太短导致的资料误差；三是所有数据均采用天然降雨实测值，剔除人工降雨数据；四是对工程措施描述不清晰、不能明确判断属于哪种工程措施的数据予以剔除。

经过遴选后最终采用的文献数据 112 条，分布于 18 个地域（省、市或侵蚀类型区），包括 9 种工程措施（属于附表 A2 中工程措施的二级分类），全部为坡面水土保持工程措施。

2. 耕作措施 T 因子值确定

与工程措施因子值确定方法类似，通过查阅文献首先确定我国最主要的 10 类作物轮作年平均 T 因子值，包括稻谷、小麦、玉米、油料、薯类、大豆、棉花、谷子、高粱和糖类作物等，然后根据不同作物生长期降雨侵蚀力季节变化比例进行修正，得到各地区不同作物的耕作措施 T 因子值。需要说明的是，耕地农作物覆盖对水力侵蚀的影响没有包含在 B 因子中（即 $B=1$），但为了反映不同种植制度下作物覆盖的影响，在耕作措施中单独列出轮作措施，它是指同一块田地上，有顺序地在季节间或年际间轮换种植不同的作物或复种组合的种植方式，其因子值反映作物覆盖对土壤流失的影响。

经过遴选后最终采用的文献数据 376 条，包括 13 种耕作措施以及轮作措施按不同区域划分的轮作类型（属于附表 A2 中耕作措施的二级分类以及附表 A3 轮作措施的三级分类）。

（七）水力侵蚀强度标准与区域水力侵蚀强度评价

1. 水力侵蚀强度标准

利用水力侵蚀模型计算土壤水力侵蚀模数，依据水利部（2008 年）颁布的《土壤侵蚀分类分级标准》（SL 190—2007）判断水力侵蚀强度（表 2 - 1 - 7），轻度级及其以上属于水力侵蚀面积。

表 2 - 1 - 7　　水力侵蚀强度分级标准（SL 190—2007）

级别	平均侵蚀模数/[t/(km²·a)]	级别	平均侵蚀模数/[t/(km²·a)]
微度	200 以下，500 以下，1000 以下[①]	强烈	5000（含）～8000
轻度	200（含）～2500，500（含）～2500，1000（含）～2500	极强烈	8000（含）～15000
中度	2500（含）～5000	剧烈	15000 及以上

① 东北黑土区和北方土石山区为 200t/(km²·a) 以下，南方红壤丘陵区和西南土石山区为 500t/(km²·a) 以下，西北黄土高原区为 1000t/(km²·a) 以下。

2. 调查单元水力侵蚀模数计算

基于上述计算得到全国 32948 个水力侵蚀野外调查单元的 7 个侵蚀影响因子 10m×10m 栅格图层，利用专门开发的土壤流失量计算系统（Soil Loss Calculation，SLC），完成以下内容：

（1）计算野外调查单元水力侵蚀模数。对每个调查单元 7 个侵蚀影响因子栅格图层进行乘积运算，得到每个调查单元 10m×10m 分辨率水力侵蚀模数栅格图层。将调查单元所有栅格的水力侵蚀模数平均得到调查单元平均水力侵蚀模数。

（2）计算地块水力侵蚀模数。将调查单元内每个地块包含所有栅格的水力侵蚀模数求平均值，得到调查单元内所有地块水力侵蚀模数。

（3）计算土地利用类型水力侵蚀模数。将调查单元内土地利用类型相同地块的水力侵蚀模数按地块面积加权平均，得到调查单元不同土地利用类型的水力侵蚀模数。

3. 水力侵蚀面积和强度空间插值以及汇总统计

以省级行政区为单位，利用各省（自治区、直辖市）野外调查单元 10m×10m 分辨率水力侵蚀模数栅格图层，进行全省（自治区、直辖市）水力侵蚀面积和水力侵蚀强度空间插值以及汇总统计。计算步骤如下：

（1）计算每个野外调查单元各级水力侵蚀强度比例。依据上述水力侵蚀强度分级标准，判断调查单元每个栅格的水力侵蚀强度，计算各水力侵蚀强度级别栅格数量占该调查单元总栅格数量的比例，即为各水力侵蚀强度级别比例，轻度级及其以上各级别比例之和即为水力侵蚀面积比例。

（2）全省（自治区、直辖市）空间插值。对全省（自治区、直辖市）所有野外调查单元水力侵蚀面积比例和各强度级别比例进行空间插值，得到全省（自治区、直辖市）水力侵蚀面积比例和各强度级别比例栅格图层。

（3）计算县级行政区水力侵蚀面积比例和各强度级别比例。用县级行政区边界矢量图裁切省级行政区水力侵蚀面积比例和各强度级别比例栅格图层，对各县级行政区内所有水力侵蚀面积比例和各强度级别比例进行栅格平均，得到县级行政区水力侵蚀面积比例和各强度级别比例。通过平衡计算确保县级行政区内轻度及其以上各级别面积比例之和等于水力侵蚀面积比例，以及水力侵蚀面积比例与微度侵蚀面积比例之和等于1。

（4）计算县级行政区水力侵蚀面积和各强度级别面积。将计算得到的县级行政区水力侵蚀面积比例和各强度级别面积比例分别乘以县级行政区国土面积，得到其水力侵蚀面积和各强度级别面积。

（5）计算市（地）级行政区水力侵蚀面积和各强度级别面积及其比例。将市（地）级辖区所有栅格水力侵蚀面积和各强度级别面积分别累加，得到全市（地）水力侵蚀面积和各强度级别面积。将其分别除以市（地）级行政区国土面积，得到相应的水力侵蚀面积比例和各强度级别面积比例。

（6）计算全省（自治区、直辖市）水力侵蚀面积和各强度级别面积及其比例。将省级行政区内所有栅格水力侵蚀面积和各强度级别面积分别累加，得到全省（自治区、直辖市）水力侵蚀面积和各强度级别面积。将其除以省级行政区国土面积，得到全省（自治区、直辖市）水力侵蚀面积比例和各强度级别面积比例。

四、风力侵蚀影响因素数据采集与强度评价方法

（一）风力侵蚀模型

土壤发生风力侵蚀的根本原因是风对地表产生的剪切力克服了表土内聚力，导致土壤表面颗粒脱离地表并随风传输。在不同土地利用类型情况下，表土的土体结构和理化性质不同，附着在地表的粗糙度（植被、微地形等）也不相同，难以使用同一模型计算可能发生风力侵蚀的不同土壤类型和土地利用类型的风力侵蚀模数。因此，使用了农田、草（灌）地和沙地等3种风力侵蚀模型：

$$Q_{fa} = 0.018(1-W) \sum_{j=1} T_j \exp\left\{ a_1 + \frac{b_1}{z_0} + c_1 \left[(AU_j)^{0.5} \right] \right\} \qquad (2-1-17)$$

$$Q_{fg} = 0.018(1-W)\sum_{j=1} T_j \exp[a_2 + b_2 V^2 + c_2/(AU_j)] \qquad (2-1-18)$$

$$Q_{fs} = 0.018(1-W)\sum_{j=1} T_j \exp[a_3 + b_3 V + c_3 \ln(AU_j)/(AU_j)] \qquad (2-1-19)$$

式中　　Q_{fa}——农田土壤风力侵蚀模数，$t/(hm^2 \cdot a)$；

$\quad\quad Q_{fg}$——草地风力侵蚀模数，$t/(hm^2 \cdot a)$；

$\quad\quad Q_{fs}$——沙地风力侵蚀模数，$t/(hm^2 \cdot a)$；

$\quad\quad T_j$——一年内有风力侵蚀发生期间风速为 U_j 的累积时间，min；

$\quad\quad U_j$——风速，通过查表获得，最小值取 5m/s；

$\quad\quad A$——与下垫面（耕作技术措施）有关的风速修订系数，无量纲；

$\quad\quad W$——表土湿度因子，%；

$\quad\quad z_0$——地表粗糙度，cm；

$\quad\quad V$——植被盖度，%；

a_1、b_1、c_1——取值 -9.208、0.018 和 1.955，无量纲；

a_2、b_2、c_2——取值 2.4869、-0.0014 和 -54.9472，无量纲；

a_3、b_3、c_3——取值 6.1689、-0.0743 和 -27.9613，无量纲。

（二）表土湿度因子

1. 数据来源

通过 AMSR-E Level 2A 全球轨道亮温数据计算表土湿度因子，AMSR-E Level 2A 数据的属性见表 2-1-8。

表 2-1-8　　　　　　　　　AMSR-E Level 2A 亮温数据

数据名称	AMSR-E Level 2A 轨道亮温数据
时间范围	2010 年全年（其中 2 月 2 日和 2 月 3 日两天缺失）
空间范围	全球
卫星过境时间	13：30（升轨）、1：30（降轨）
总大小	529 GB

2. 计算方法

（1）数据预处理。AMSR-E Level 2A 轨道数据下载后，对数据进行预处理，包括数据拼接、数据定标、数据裁剪和数据筛选。

首先对数据进行拼接处理，将每天升轨和降轨时刻的轨道数据分别拼接为全球范围的升降轨数据。为了分析和处理方便，将 AMSR-E Level 2A 轨道亮温数据按照等经纬度投影进行数据拼接，分辨率为 0.25°。然后利用一个增益和偏置系数对数据进行定标，获取亮度温度值：

$$Tb = Gain \cdot DN + Offset \qquad (2-1-20)$$

式中　DN——原始信号值；

　　　Tb——亮度温度值；

　$Gain$——增益值，取 0.01；

　$Offset$——偏置值，取 327.68。

拼接和定标处理后，将中国区域范围裁剪出来，进行土壤湿度的计算。全球范围的行列范围为 0～720 行，0～1440 列；裁剪得到中国区域的行列号范围为 40～290 行，960～1430 列。选择 1—5 月和 10—12 月共 8 个月升轨时刻（每天 13：30）的数据进行表土湿度因子的计算。

（2）数据后处理。得到土壤湿度的计算结果后，利用表土湿度因子与土壤湿度的关系，计算表土湿度因子。而后对计算结果进行后处理，包括赋地理坐标、裁剪、投影和重采样，最终得到风力侵蚀区范围内的表土湿度因子栅格数据。

（3）表土湿度因子计算。表土湿度因子的半月产品计算流程见图 2-1-4。

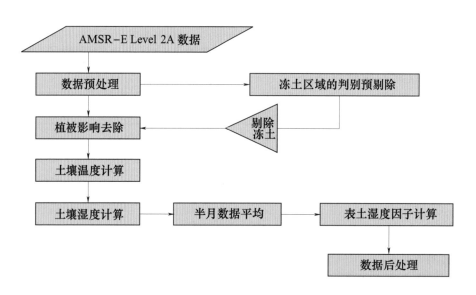

图 2-1-4　表土湿度因子半月产品计算流程图

利用 MODIS 的温度产品和 AMSR-E 不同通道之间亮度温度建立反演地表温度的反演方程。验证结果显示该算法的精度在 2～3℃。提取 36.5GHz 的 V 极化亮温（$Tb_{36.5V}$），利用表 2-1-9 进行地表温度的计算。

表 2 - 1 - 9　　　　　　　　　　　　　　地 表 温 度 估 算 模 型

温度范围/K	计　算　方　程
<279	$LST = 0.63291 \times 89V - 1.93891 \times (36.5V - 23V) + 0.02922 \times (36.5V - 23V)^2 + 0.52654 \times (36.5V - 18.7V) - 0.00835 \times (36.5V - 18.7V)^2 + 106.395$
>279	$LST = 0.50898 \times 89V - 0.31302 \times (36.5V - 23V) + 0.02095 \times (36.5V - 23V)^2 + 0.87117 \times (36.5V - 18.7V) - 0.00576 \times (36.5V - 18.7V)^2 + 142.6452$

提取 10.65GHz 的 V 极化亮温（$Tb_{10.65V}$）和 H 极化亮温（$Tb_{10.65H}$），利用下式进行土壤湿度因子的计算：

$$SM = 1.1866 \left(2.3251 \frac{Tb_{10.65V}}{LST} + \frac{Tb_{10.65H}}{LST} \right)$$
$$- 5.1157 \sqrt{2.3251 \frac{Tb_{10.65V}}{LST} + \frac{Tb_{10.65H}}{LST}} + 5.3448 \quad (2 - 1 - 21)$$

以每天的土壤湿度产品为基础，对每个月上半月（≤15 日）和下半月（>15 日）的日产品进行平均，得到土壤湿度的半月产品，利用下式计算表土湿度因子：

$$W = 0.0932\ln(0.67SM) - 0.0864 \qquad (2 - 1 - 22)$$

（三）风力因子

1. 数据来源

气象站数据来自两个途径：一是收集的国家气象站数据，包括甘肃、青海、宁夏、内蒙古、西藏、新疆、陕西、河北、辽宁、吉林、黑龙江等省（自治区），共有 155 个气象站位于风力侵蚀区内部，并且在侵蚀区外围选择了 48 个气象站；二是由地方上报的 26 个有效气象站数据，分别属于内蒙古、甘肃、宁夏、新疆等省（自治区），其中 21 个气象站位于风力侵蚀区内部，5 个气象站位于侵蚀区外围。气象站各省（自治区）分布情况：黑龙江 8 个（范围内部 2 个，外围 6 个），吉林 5 个（范围内部 5 个，外围 0 个），辽宁 8 个（范围内部 4 个，外围 4 个），河北 5 个（范围内部 3 个，外围 2 个），山西 5 个（范围内部 0 个，外围 5 个），内蒙古 72 个（范围内部 62 个，外围 10 个），陕西 4 个（范围内部 3 个，外围 1 个），甘肃 25 个（范围内部 19 个，外围 6 个），青海 30 个（范围内部 13 个，外围 17 个），宁夏 11 个（范围内部 9 个，外围 2 个），新疆 56 个（范围内部 56 个，外围 0 个）；西藏札达县包含在风力侵蚀区内（风蚀冻融区），但没有气象站数据，本次风力因子计算与制图未予以考虑。

因此，参加风力因子计算与制图的气象站数量共计 229 个。

2. 计算方法

风力因子以 0.1m/s 为单位。为了保持数据的连续性，在进行风速、风向计算时包含了 0～350 （0.1m/s） 风速；在实际应用时仅计算不小于 50 （0.1m/s） 的风速、风向数据。对于部分气象站的数据不能连续 20 年，在数据统计时，将缺测年的数据删除后，时间向前推，使统计年限总体上满足 20 年；对于建站时间较短，观测时间不足 20 年的气象站，在数据处理时，按照实际年限统计平均值。

（1）逐日 4 次数据插值。在数据插值前，再次检查数据是否连续，即年、月、日、时应连续。如果不连续，则在插值时将数据分开处理，以防止跨年、跨月、跨天进行插值。风速插值采用线性插值办法处理。风向赋值规定按照每日 1：00—5：00 风向与 2：00 风向相同，6：00—11：00 风向与 8：00 风向相同，12：00—17：00 风向与 14：00 风向相同，18：00—24：00 风向与 20：00 风向相同。

（2）逐日 24 时数据生成。同一气象站，通过逐日 4 次观测数据插值形成的逐日 24 时数据文件与"直接分离的逐日 24 时数据"文件，按照相同气象站链接数据合成一个文件。经过以上处理，形成风向、风速基表，即同一个气象站的所有数据只有一个文件，文件中包含该气象站整个时间段的风向、风速数据（表 2 - 1 - 10）。

表 2 - 1 - 10　　　　　逐日 24 时的基本数据格式

（风向代码：1～17；风速单位：0.1m/s）

站代码	年	月	日	时刻	风向	风速
50425	1995	3	8	0	17	0
50425	1995	3	8	1	17	0
50425	1995	3	8	⋮	⋮	⋮
50425	1995	3	8	22	7	46
50425	1995	3	8	23	7	35
50425	1995	3	9	0	1	25
50425	1995	3	9	1	11	20
50425	1995	3	9	⋮	⋮	⋮

（3）地形对风速影响的修正。数据插值方法选择克吕格法，分辨率为 5km。由于此时的数据坐标为大地坐标，因此，当插值分辨率为 5km 时，相当于大地坐标系中经度约等于 0.0616458°，纬度约等于 0.0449665°，即为插

值步长。

对风力因子进行面上插值计算时，山体等地形对风力的阻碍作用十分显著，是必须考虑的因素之一。为此，需要考虑天山山脉及其东部支脉、昆仑山山脉及其东部支脉、祁连山山脉、大兴安岭山脉南段等主要山体对风力插值的影响。修订方法为：首先确定山体的范围，并落实到风力插值底图上；其次，根据山体内部风力数据与山体外部边缘风力数据的对比情况，降低山体内部的风力等级，若山体内部没有风力数据，则将山体内部的风力等级计为小于 50（0.1m/s），这样处理的依据是山体的风力侵蚀极为微弱。

（四）地表粗糙度因子

1. 数据来源

地表粗糙度的确定依赖于风力侵蚀野外调查基础数据，风力侵蚀野外调查内容包括野外调查单元代码及其所在省（自治区、直辖市）、地区（市、州、盟）、县（区、市、旗）、县级行政区代码、地理坐标和高程等基本信息，植被平均盖度和高度、表土的平整状况、有无砾石覆盖和紧实程度以及典型的地表近景照片。本次普查风力侵蚀野外调查单元数据共计 2607 个。

2. 计算方法

（1）地表粗糙度提取。根据已有的大量野外实地观测数据，并查阅国内外文献资料，经反复讨论研究，确定了地表粗糙度赋值表（表 2 - 1 - 11 ～表 2 - 1 - 17）。

表 2 - 1 - 11　翻耕耙平无垄（平整）耕地的地表粗糙度（Z_0）

翻耕耙平状态	耙齿痕迹明显	耙齿痕迹明显	耙齿痕迹明显	耙齿痕迹不明显	无耙齿痕迹
土块大小	多≥5cm 土块	多 3～5cm 土块	多≤3cm 土块	多≤3cm 土块	多≤3cm 土块
Z_0/cm	0.10	0.08	0.06	0.04	0.02

表 2 - 1 - 12　翻耕耙平有垄（不平整）耕地的地表粗糙度（Z_0）

翻耕耙平状态	耙齿痕迹明显	耙齿痕迹明显	耙齿痕迹明显	耙齿痕迹不明显	无耙齿痕迹
土块大小	多≥5cm 土块	多 3～5cm 土块	多≤3cm 土块	多≤3cm 土块	多≤3cm 土块
Z_0/cm	0.12	0.09	0.07	0.05	0.03

表 2 - 1 - 13　翻耕未耙平耕地的地表粗糙度（Z_0）

翻耕未耙平状态	耙齿痕迹明显	耙齿痕迹明显	耙齿痕迹明显	耙齿痕迹不明显	无耙齿痕迹
土块大小	多≥10cm 土块	多 5～10cm 土块	有 5～10cm 土块	多≤5cm 土块	较多≤5cm 土块
Z_0/cm	0.15	0.13	0.11	0.09	0.07

表 2 − 1 − 14　　　　　留茬耕地的地表粗糙度（Z_0）

留茬高度/m	留茬盖度/%	Z_0/cm	留茬高度/m	留茬盖度/%	Z_0/cm
≥0.15	≥40	0.25	0.05~0.10	≥40	0.20
	30（含）~40	0.20		30（含）~40	0.15
	20（含）~30	0.15		20（含）~30	0.10
	10~20	0.12		10~20	0.08
	≤10	0.10		≤10	0.06
0.10（含）~0.15	≥40	0.22	≤0.05	≥40	0.15
	30（含）~40	0.18		30（含）~40	0.12
	20（含）~30	0.12		20（含）~30	0.08
	10~20	0.10		10~20	0.06
	≤10	0.08		≤10	0.04

表 2 − 1 − 15　　　　　沙地地表粗糙度（Z_0）

沙丘高度/m	沙丘密度/%	Z_0/cm	沙丘高度/m	沙丘密度/%	Z_0/cm
≥50	≥70	0.25	≤10	≥70	0.15
	50（含）~70	0.22		50（含）~70	0.11
	30（含）~50	0.18		30（含）~50	0.08
	10~30	0.15		10~30	0.05
	≤10	0.10		≤10	0.02
30（含）~50	≥70	0.22	平坦沙地	沙波纹高度≥0.02m	0.007
	50（含）~70	0.18			
	30（含）~50	0.15			
	10~30	0.11		沙波纹高度0.01~0.02m	0.005
	≤10	0.07			
10~30	≥70	0.18			
	50（含）~70	0.15			
	30（含）~50	0.11		沙波纹高度≤0.01m	0.003
	10~30	0.08			
	≤10	0.04			

注　有植被时，在依据本表判断的 Z_0 值基础上乘 1.25；无植被时，即取本表判断的 Z_0 值。

表 2－1－16　　　　灌草地和草原草地地表粗糙度（Z_0）

灌草高度/m	灌草盖度/%	Z_0/cm	灌草高度/m	灌草盖度/%	Z_0/cm
≥1.00	≥70	≥6.00（按6.00计算）	0.25～0.50	≥70	≥3.50（按3.50计算）
	60（含）～70	6.00		60（含）～70	3.00
	50（含）～60	5.00		50（含）～60	2.00
	40（含）～50	4.00		40（含）～50	1.50
	30（含）～40	3.00		30（含）～40	1.00
	20（含）～30	1.50		20（含）～30	0.50
	10～20	0.80		10～20	0.20
	≤10	0.18		≤10	0.12
0.50（含）～1.00	≥70	≥4.50（按4.50计算）	≤0.25	≥70	1.50
	60（含）～70	4.00		60（含）～70	1.00
	50（含）～60	3.20		50（含）～60	0.80
	40（含）～50	2.50		40（含）～50	0.50
	30（含）～40	1.50		30（含）～40	0.20
	20（含）～30	0.80		20（含）～30	0.15
	10～20	0.30		10～20	0.12
	≤10	0.15		≤10	0.10

注　无山丘灌草地的地表粗糙度（Z_0），直接依据本表判断；有山丘灌草地的地表粗糙度（Z_0），在依据本表判断的 Z_0 值基础上乘1.1。

表 2－1－17　　　　已割草草地的地表粗糙度（Z_0）

植被高度/m	植被盖度/%	Z_0/cm	植被高度/m	植被盖度/%	Z_0/cm
≥0.15	≥70	≥1.50（按1.50计算）	0.05～0.10	≥70	≥1.00（按1.00计算）
	60（含）～70	1.20		60（含）～70	0.50
	50（含）～60	0.80		50（含）～60	0.22
	40（含）～50	0.50		40（含）～50	0.20
	30（含）～40	0.20		30（含）～40	0.15
	20（含）～30	0.15		20（含）～30	0.10
	10～20	0.12		10～20	0.08
	≤10	0.10		≤10	0.06
0.10（含）～0.15	≥70	≥1.20（按1.20计算）	≤0.05	≥70	≥0.25（按0.25计算）
	60（含）～70	1.00		60（含）～70	0.25
	50（含）～60	0.50		50（含）～60	0.20
	40（含）～50	0.22		40（含）～50	0.15
	30（含）～40	0.18		30（含）～40	0.12
	20（含）～30	0.12		20（含）～30	0.08
	10～20	0.10		10～20	0.06
	≤10	0.08		≤10	0.04

注　无山丘已割草草地的地表粗糙度（Z_0），直接依据本表判断；有山丘已割草草地的地表粗糙度（Z_0），在依据本表判断的 Z_0 值基础上乘1.1。

说明（表2-1-11~表2-1-17）：

1）翻耕地的地表粗糙度（Z_0）依据风力侵蚀野外调查表和地表近景照片，判断标准为表2-1-11~表2-1-13；未翻耕和休耕地的地表粗糙度（Z_0）依据风力侵蚀野外调查表和地表近景照片，判断标准为表2-1-14。

2）沙地的地表粗糙度（Z_0）判断标准为表2-1-15及其注释。

3）草（灌）地的地表粗糙度（Z_0）依据风力侵蚀野外调查表和地表近景照片，判断标准为表2-1-16。

4）已割草草地的地表粗糙度（Z_0）依据风力侵蚀野外调查表和地表近景照片，判断标准为表2-1-17。

5）地表粗糙度（Z_0）取值到小数点后2位。

（2）地表粗糙度提取方法。地表粗糙度提取时，下垫面分为耕地、沙地和草（灌）地。将耕地分为两类：一类是"翻耕，耙平"和"翻耕，未耙平"；另一类是"未翻耕"和"休耕地"。

地表粗糙度提取时，涉及的数据项目很多，故采用编程提取，具体过程为首先将word格式的风力侵蚀野外调查数据转换为excel表。然后，将耕地、沙地和草（灌）地3种类型中涉及的项目进行编码（表2-1-18），同时将代表地表覆被状况的"7.表土状况"中的各项用"1"或者"2"编码（表2-1-19）。最后，根据编码结果，将每个野外调查单元的excel表经过处理，生成整个风力侵蚀区地表粗糙度提取总表，即每个野外调查单元为总表中的一条记录，详细记录了该调查单元的全部信息。在此基础上，通过程序对每一条记录进行检索，根据检索的信息进行判读，依据"地表粗糙度提取表"的相关规定，计算该调查单元的地表粗糙度（表2-1-20）。

表2-1-18　　　　　　　　"地表粗糙度"栏编码

	数据项目	编码		数据项目	编码
3. 耕地	3.1 翻耕，耙平	1	5. 草（灌）地	5.1 无山丘	1
	3.2 翻耕，未耙平	2		5.2 有山丘	2
	3.3 未翻耕	3		5.3 无砾石	3
	3.4 休耕地	4		5.4 有砾石	4
4. 沙地	4.1 无沙丘	1		5.5 草本植被	5
	4.2 有沙丘	2		5.6 灌草植被	6
	4.3 无植被	3		5.7 乔灌草植被	7
	4.4 草本植被	4			
	4.5 灌草植被	5			
	4.6 乔灌草植被	6			

表 2-1-19　　　　　"地表覆被状况"栏编码

7.1 地表平整状况				7.2 表土有无砾石				7.3 表土紧实状况			
类型	编码	类型	编码	类型	编码	类型	编码	类型	编码	类型	编码
平整	1	不平整	2	有	1	无	2	紧实	1	不紧实	2

表 2-1-20　　　　　地表粗糙度提取结果

调查单元编号	3. 耕地	4. 沙地-有无沙丘	4. 沙地-植被	…	耕地-地表粗糙度/cm	沙地-地表粗糙度/cm	草灌地-地表粗糙度/cm
152723-0010fs	3			…	0.06		1.10
152723-0053fs	3	1	5	…	0.06	0.50	0.88
152724-0016fs	3	2	5	…	0.10	0.19	3.00
152724-0313fs	3			…	0.06		1.00
152726-0145fs	3			…	0.06		0.10
152726-0168fs	3			…	0.10		0.88

（五）临界侵蚀风速

根据野外观测和风洞模拟实验，进行风速修订和尺度修订后，在对应气象站风速观测高度（10m），耕地临界侵蚀风速一般为 5m/s，沙地（漠）和草（灌）地临界侵蚀风速见表 2-1-21 和表 2-1-22。

表 2-1-21　　　沙地（漠）不同植被盖度下的临界侵蚀风速

植被盖度等级范围/%	平均盖度/%	临界侵蚀风速 U_{j-1}/(m/s)	
		风速范围	平均值
0~5（含）	2.5	5~6	5.05
5~10（含）	7.5	6~7	6.12
10~20（含）	15	7~8	7.12
20~30（含）	25	8~9	8.53
30~40（含）	35	10~11	10.04
40~50（含）	45	11~12	11.66
50~60（含）	55	13~14	13.48
60~70（含）	65	14~15	14.90
70~80（含）	75	16~17	16.88

注　U_{j-1} 为气象站整点风速统计数据中，高于临界侵蚀风速的第一个等级的风速；植被盖度大于 80% 时不产生风力侵蚀。

表 2 - 1 - 22　　　草（灌）地不同植被盖度下的临界侵蚀风速

植被盖度等级范围 /%	平均盖度 /%	临界侵蚀风速 U_{j-1}/(m/s)	
		风速范围	平均值
0～5（含）	2.5	8～9	8.20
5～10（含）	7.5	8～9	8.47
10～20（含）	15	8～9	8.95
20～30（含）	25	9～10	9.75
30～40（含）	35	10～11	10.78
40～50（含）	45	12～13	12.12
50～60（含）	55	13～14	13.85
60～70（含）	65	15～16	15.76

注　U_{j-1} 为气象站整点风速统计数据中，高于临界侵蚀风速的第一个等级的风速；植被盖度大于 70% 时不产生风力侵蚀。

（六）风力侵蚀强度标准

1. 风力侵蚀时间与侵蚀模数计算

根据中国境内风力侵蚀区的气候特点和植被生长特征，将发生风力侵蚀的时间确定在每年的 1—5 月和 10—12 月，即以每年冬春季节为主。首先应用风力侵蚀模型计算风力侵蚀模数，然后划分风力侵蚀强度等级。

为了提高风力侵蚀模数计算的精度，在发生风力侵蚀时间段内，先对每半月的风力侵蚀模数进行计算，然后将每半月的风力侵蚀模数相加，作为一年的风力侵蚀模数。具体流程如下：首先，按照风力侵蚀模型中农田、草（灌）地和沙地 3 种类型的划分定义，把土地利用类型图合并为只有农田、草（灌）地、沙地和不可蚀土地 4 种类型的下垫面图，同时制作植被盖度空间分布图、风力因子空间分布图、表土湿度因子空间分布图、地表粗糙度因子空间分布图，将这些图件重新采样成 250m×250m 的栅格图。其次，根据生成的土地利用下垫面图，逐个判断每个像元。如果该像元为耕地，按照耕地模型计算该像元风力侵蚀模数；如果该像元为林草地，按照林草地模型计算该像元风力侵蚀模数；如果该像元为沙地（漠），按照沙地（漠）模型计算该像元风力侵蚀模数；如果该像元为非风力侵蚀土地，该像元的侵蚀模数赋值为 Null。最后，利用土壤风力侵蚀模型计算程序，逐个风速等级计算风力侵蚀模数，并且累加得到每半月土壤风力侵蚀模数。最后，将累加 1—5 月和 10—12 月，共计 16 个半个月的值即为全年风力侵蚀模数。

2. 风力侵蚀强度划分标准

风力侵蚀强度的划分依据《土壤侵蚀分类分级标准》（SL 190—2007）中"风力侵蚀的强度分级"规定（表 2-1-23），主要参照平均侵蚀模数进行强度划分。

表 2-1-23 风力侵蚀强度分级标准 (SL 190—2007)

级别	平均侵蚀模数/[t/(km² · a)]	级别	平均侵蚀模数/[t/(km² · a)]
微度	200 以下	强烈	5000（含）～8000
轻度	200（含）～2500	极强烈	8000（含）～15000
中度	2500（含）～5000	剧烈	15000 及以上

五、冻融侵蚀影响因素数据采集与强度评价方法

（一）冻融侵蚀模型

1. 冻融侵蚀区界定

在本次冻融侵蚀普查时，首先要确定冻融侵蚀区，然后再在冻融侵蚀区范围内划分冻融侵蚀强度。

冻融侵蚀区是指在寒冷气候条件下，有相应的冻融侵蚀地貌形态，冻融循环作用是最主要的外力侵蚀过程的区域。界定冻融侵蚀区下界海拔采用如下公式：

$$H = \frac{66.3032 - 0.9197X_1 - 0.1438X_2 + 2.5}{0.005596} - 200 \qquad (2-1-23)$$

式中　H——冻融侵蚀区下界海拔高度，m；

　　　X_1——纬度，（°）；

　　　X_2——经度，（°）。

利用 2010 年 1：10 万土地利用图和中国 1：10 万沙地（漠）分布图，在上述公式计算的冻融侵蚀范围内，扣除冰川和永久性积雪、水域、沙地和戈壁后得到最终的冻融侵蚀区范围。

2. 冻融侵蚀评价模型

本次普查从冻融侵蚀发生、发育的特点和主要影响因素出发，在分析我国各区域冻融侵蚀影响因素和区域特点的基础上，选择了年冻融日循环天数、日均冻融相变水量、年均降水量、坡度、坡向和植被覆盖度等 6 个指标进行多因素加权综合评价，其计算公式为

$$A = \sum_{i=1}^{n} W_i I_i \qquad (2-1-24)$$

式中 A——冻融侵蚀强度指数，综合评价指数愈大，表示冻融侵蚀愈强烈；

W_i——第 i 个影响因子对应的权重；

I_i——第 i 个影响因子的因子值。

在专家咨询、典型区试点的基础上，确定了年冻融日循环天数、日均冻融相变水量、年均降水量、坡度、坡向和植被覆盖度 6 个评价因子的分级、赋值及权重值（表 2-1-24）。

表 2-1-24　冻融侵蚀强度分级计算影响因子赋值及权重

影响因子及赋值		赋 值 标 准				因子权重
年冻融日循环天数	天数	≤100	100～170（含）	170～240（含）	>240	0.27
	赋值	1	2	3	4	
日均冻融相变水量	%	≤0.03	0.03～0.05（含）	0.05～0.07（含）	>0.07	0.15
	赋值	1	2	3	4	
年均降水量	mm	≤150	150～300（含）	300～500（含）	>500	0.10
	赋值	1	2	3	4	
坡度	(°)	0～8（含）	8～15（含）	15～25（含）	>25	0.26
	赋值	1	2	3	4	
坡向	(°)	0～45（含），315～360（含）	45～90（含），270～315（含）	90～135（含），225～270（含）	135～225（含）	0.07
	赋值	1	2	3	4	
植被覆盖度	%	60～100（含）	40～60（含）	20～40（含）	0～20（含）	0.15
	赋值	1	2	3	4	

（二）年冻融日循环天数与日均冻融相变水量

冻融循环作用是导致冻融侵蚀的关键动力因素，一个地区其地表温度在 0℃上下波动越频繁，冻融循环作用越强烈，因冻融循环作用导致的岩土体破坏程度越强。定义一天内最高温度大于 0℃ 而最低温度小于 0℃ 为一个冻融日循环。年冻融日循环天数是指一年中冻融日循环发生的天数。

由于水从液态冻结成固态时体积约增加 0.1 倍，因此冻融循环过程中，水体的变化对岩土体的机械破坏作用影响最为明显。相变水量是指土体冻融过程中发生相变的水量。相变水量增加，冻结时由于水体结冰体积增大而对土地的破坏作用增加。日均冻融相变水量反映了土壤含水量对冻融侵蚀强度的影响。

年冻融日循环天数和日均冻融相变水量是利用星载被动微波辐射计 AMSR-E 的数据计算。冻融循环判别算法：

$$F = 1.47 Tb_{36.5V} + 91.69 \frac{Tb_{18.7H}}{Tb_{36.5V}} - 226.77 \qquad (2-1-25)$$

$$T = 1.55 Tb_{36.5V} + 86.33 \frac{Tb_{18.7H}}{Tb_{36.5V}} - 242.41 \qquad (2-1-26)$$

式中　$Tb_{18.7H}$——18.7GHz 频段亮温数据；

　　　$Tb_{36.5V}$——36.5GHz 频段亮温数据；

　　　　H——水平极化；

　　　　V——垂直极化；

　　F、T——地表冻融状态，如果 $F > T$ 为冻土，反之为融土。

冻融相变水量算法：

$$m_{pcv} = 3.0185 \left(\frac{Tb_{d, 10.65H}}{Tb_{d, 36.5V}} - \frac{Tb_{a, 10.65H}}{Tb_{a, 36.5V}} \right) + 0.0008 \qquad (2-1-27)$$

式中　m_{pcv}——相变水量值；

　　　　d——降轨；

　　　　a——升轨；

　　　　H——水平极化；

　　　　V——垂直极化。

利用 2002—2010 年的 AMSR-E 数据，判断每天的冻、融状态，统计全年的冻融循环天数，计算出每天的冻融相变水量，进而计算多年平均水平的年冻融日循环天数和日均冻融相变水量。

（三）年均降水量

在冻融侵蚀中，降水量不仅通过雨滴击溅和地表径流为土壤侵蚀提供直接动力因素，还从两个方面对冻融侵蚀产生影响，一方面随着降水量增加，土壤含水量上升，造成冻融相变水量增加，增强了冻融侵蚀；另一方面，岩土体被寒冻风化和冻融循环作用破坏后往往不会直接发生位移，即没有产生侵蚀，流水作用是造成位移的一个重要动力因素。

本次普查使用冻融侵蚀区 8 个省（自治区）范围内 335 个气象台站的时间序列降水数据和冻融侵蚀区周边省份的 70 个气象台站的时间序列降水数据，共计 405 个气象台站的时间序列年降水量数据。同时，使用 TRMM 3B42 和 APHRODITE 日降水量对上述无气象台站和水文站地区进行人工"加密"处理，并计算每一个"加密点"的多年平均降水量。根据我国冻融侵蚀区气象台站的空间分布特征，在冻融侵蚀区的 8 个省（自治区）一共设置了 226 个"加密点"，其中冻融侵蚀区范围内 166 个，周边地区 60 个。"加密站"的分布情况见表 2-1-25。

表 2-1-25 冻融侵蚀区降水量数据采集点统计表

区　　域	"加密点"数量 /个	气象台站数量 /个	气象台站密度 /(个/万 km²)
合计	226	501	0.76
西藏自治区	52	91	0.76
四川省	8	58	1.20
青海省	16	55	0.77
新疆维吾尔自治区	54	109	0.67
甘肃省	3	37	0.91
内蒙古自治区	19	70	0.61
黑龙江省	3	34	0.75
云南省	11	47	0.97
周边地区	60	—	—

"加密"之后，冻融侵蚀区气象台站密度增加了 0.44 站/万 km²。密度增加最明显的西藏自治区、新疆维吾尔自治区和青海省，密度分别增加了 0.44 站/万 km²、0.33 站/万 km² 和 0.23 站/万 km²。

降水数据采用克吕格插值方法生成多年平均降水量、最大年降水量、最小年降水量和降水量年际变差系数等几个高分辨率栅格数据。

（四）坡度与坡向

由于冻融侵蚀区部分区域尚无 1∶5 万地形图，使用 1∶10 万数字地形图计算坡度、坡向，这些区域主要分布于青海省和西藏自治区。利用数字地形图生成 25m 分辨率 DEM 数据，然后在 ArcGIS 软件中计算坡度和坡向。由于我国西部地区海拔高、地形复杂、气候恶劣，加之受当时测绘技术限制，原始的地形图存在一定错误，而对坡度、坡向的计算造成影响。为此，使用 SRTM 和 ASTER GDEM 数据对这些错误进行修补，生成了中国冻融侵蚀区可靠的坡度数据（图 2-1-5）。

坡向数值范围 0°～360°，从正北顺时针旋转一圈又回到正北方向。在进行坡向分级时，可将坡向分为阳坡、阴坡、东坡、西坡，同时考虑到地形较为平坦的区域，为此结合坡度因子，将坡度小于 1° 的区域确定为平坡。

（五）冻融侵蚀强度标准

参照《土壤侵蚀分类分级标准》（SL 190—2007），将冻融侵蚀强度分为微度、轻度、中度、强烈、极强烈和剧烈等 6 级。本次普查，通过典型区域试验（西藏自治区南木林县）、典型样点和野外调查单元[137]Cs 采样分析、专家咨询等工作，综合确定全国冻融侵蚀强度标准（表 2-1-26）。

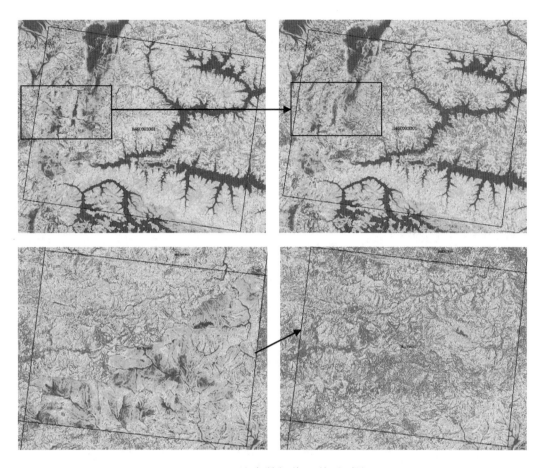

图 2 - 1 - 5　坡度数据修正前后对比图

表 2 - 1 - 26　　　　　　　全国冻融侵蚀强度分级综合指数

区域	微度侵蚀	轻度侵蚀	中度侵蚀	强烈侵蚀	极强烈侵蚀	剧烈侵蚀
青藏高原	≤1.84	1.84～2.04（含）	2.04～2.24（含）	2.24～2.76（含）	2.76～3.08（含）	＞3.08
西北高山区	≤1.92	1.92～2.12（含）	2.12～2.36（含）	2.36～2.76（含）	2.76～3.08（含）	＞3.08
东北地区	≤1.28	1.28～2.24（含）	2.24～2.36（含）	2.36～2.76（含）	2.76～3.08（含）	＞3.08

第二节　侵　蚀　沟　道

本次侵蚀沟道普查范围为西北黄土高原区和东北黑土区。根据两个区域侵蚀沟道的特点，分别采用了具有针对性的侵蚀沟道提取技术方法。西北黄土高原区侵蚀沟道普查以 DEM 空间分析和水文分析技术为主，辅以遥感影像判读；东北黑土区侵蚀沟道普查主要依靠遥感影像解译，辅以DEM 分析。

一、技术路线与工作流程

侵蚀沟道普查以 1∶50000 DEM 和 2.5m 分辨率遥感影像为主要信息源，利用 GIS 软件，采用人机交互方式解译提取侵蚀沟道长度、面积、沟道纵比及其空间地理位置，统计分析侵蚀沟道数量、特征及其分布等情况，并经过了一定数量的野外核查验证。

侵蚀沟道普查从工作流程上可分为基础资料收集、沟道提取、野外核查、普查表填写和数据汇总等 5 个阶段，侵蚀沟道普查流程图见图 2-2-1。

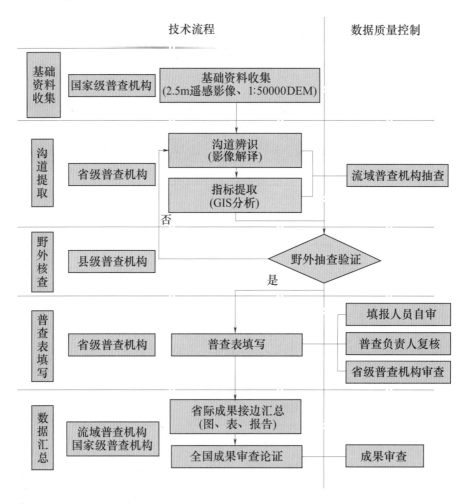

图 2-2-1 侵蚀沟道普查流程图

二、数据提取

侵蚀沟道数据提取主要包括 DEM 和遥感影像数据处理、侵蚀沟道提取、数据接边、数据库建立与数据汇总等环节。

1. DEM 和遥感影像数据处理

利用地理信息系统技术的空间分析功能，采用 DEM 可直接自动计算出侵蚀沟道的相关数据，为了保证沟道数据的准确性和时效性，需利用遥感影像叠加侵蚀沟道数据进行人工编辑和校验。因此，DEM 数据和遥感影像数据以及提取的侵蚀沟道矢量图需采用统一的坐标系统和投影方式，并对 DEM 和遥感影像进行影像增强、坐标系统转换、坐标系统配准和数据拼接等基础处理工作。

2. 侵蚀沟道提取

（1）西北黄土高原区。侵蚀沟道提取包括无洼地 DEM 生成、水流方向提取、汇流累积量和水流长度计算、河网生成、汇水范围确定、沟底线剪裁和各字段属性赋值等步骤。

在河网提取时，需合理确定阈值大小。根据提取地区的地形特征以及沟道长度大于 500m 的提取条件，选择适合的阈值，既要保证提取结果的完整性，又要保证数据的合理性。当选取的阈值越大，生成的河网数据越稀疏，沟谷的级别相对来说较高，反之则低。不同区域相同级别的沟谷对应的阈值不同，阈值选取应通过多次实验来确定，并利用现有地形图等资料辅助检验，西北黄土高原区各省（自治区）河网提取阈值见表 2-2-1。

表 2-2-1　　　西北黄土高原区各省（自治区）河网提取阈值表

省（自治区）	阈　　值
青海	300
甘肃	300
宁夏	150
内蒙古	300
陕西	丘陵沟壑区北部 100，丘陵沟壑区南部 200，高塬沟壑区 300
山西	125
河南	350

在数据检查过程中，利用 2.5m 分辨率的遥感影像叠加矢量图层，对沟道线未达到沟头的进行延长；对与影像不相符的，编辑和修改沟道线、沟道界

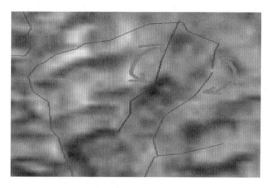

图 2-2-2 沟道修正

线。对编辑和校验的成果,利用沟道面积小于 5km² 和沟道长度大于 500m 进行筛选,对筛选的沟道线图层、沟道界线面图层进行对比,保证沟道线的出水口必须接到沟道界线面上、沟道界线面封闭,若出现线超出面、线和面没有交点、线和面有多个交点、面内没有线、线没有对应的面、面内有多条线等情况需进行处理,见图 2-2-2 和图 2-2-3。

在沟道提取的过程中,应全面核查数据,保证成果精度。遗漏、误判的侵蚀沟道数量不得超过 2%;沟道和沟道界限勾绘精度达不到要求(勾绘偏差超过 2 个像元、沟道长度误差超过 5%、起讫经纬度误差超过 1″)的图斑数量不得超过 5%。

(a) 筛选前

(b) 筛选后

图 2-2-3 沟道筛选

(2)东北黑土区。侵蚀沟道多发生在坡耕地、荒草地和疏幼林地中,其中坡耕地中的侵蚀沟道数量最多。侵蚀沟道在影像上表现为条状和树枝状,土壤母质为黄土状物质,机械组成以粉砂、黏粒为主。处于不同发展阶段的侵蚀沟道在影像上所表现出的颜色、亮度、纹理等特征不同,处于发育初期的浅沟道在 7 月、8 月的影像上表现为白色的细线状,剧烈发育的侵蚀沟道在影像上表现为亮白色,稳定沟道一般纹理比较粗糙,边缘线比较模糊。另外,土壤含水量或者有机质含量不同也影响侵蚀沟道在影像上的表现特征,见图 2-2-4。当沟道宽度大于 2 个像元时,根据影像直接勾绘沟底线和沟缘线;当沟道宽度小于 2 个像元时,只勾绘沟底线,沟道宽度确定为 2 个像元,见图 2-2-5。

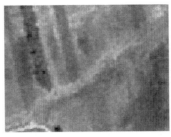

图 2-2-4　东北黑土区侵蚀沟道识别图

图 2-2-5　东北黑土区侵蚀沟道沟底线和沟缘线勾绘示意图

3. 数据接边

各片区完成的侵蚀沟道解译矢量图需要进行接边，解决跨界沟道的提取、合并问题，即两边接起来达到普查长度下限的沟道进行补充提取，同一条沟道进行合并，合并后流域面积超出普查范围的剔除。

修正在侵蚀沟道数据提取中出现的重判、勾绘错位现象，补充提取省（自治区）际漏判的侵蚀沟道。按照质量要求，接边准确率不低于 98%。根据侵蚀沟道沟头所在确定归属，并相应删除重复提取的侵蚀沟道。

4. 数据库建立与数据汇总

按照普查规定，建立侵蚀沟道数据库。其中，西北黄土高原区数据包括主沟道线图层和沟道界线面图层，东北黑土区数据包括主沟道线图层、沟道线图层和沟道界线面图层，相关图层属性表结构见表 2-2-2～表 2-2-6。

表 2-2-2 西北黄土高原区侵蚀沟道线图层属性表结构

指标名称	行政区划代码	沟道编码	主沟道长度	沟道纵比	起点经度	起点纬度	终点经度	终点纬度
字段名称	xzqhdm	bm	length	gradient	qdjd	qdwd	zdjd	zdwd
数据类型	数值型	数值型	数值型	数值型	数值型	数值型	数值型	数值型
数据宽度	6	11	7	6	10	9	10	9
小数位	0	0	1	2	6	6	6	6

表 2-2-3 西北黄土高原区侵蚀沟道面图层属性表结构

指标名称	行政区划代码	沟道编码	所属区域	沟道面积
字段名称	xzqhdm	bm	lxq	area
数据类型	数值型	数值型	数值型	数值型
数据宽度	6	11	1	7
小数位	0	0	0	2

表 2-2-4 东北黑土区主沟道图层属性表结构

指标名称	行政区划代码	沟道编码	主沟道长度	起点经度	起点纬度	终点经度	终点纬度
字段名称	xzqhdm	bm	length	qdjd	qdwd	zdjd	zdwd
数据类型	数值型	数值型	数值型	数值型	数值型	数值型	数值型
数据宽度	6	11	7	10	9	10	9
小数位	0	0	1	6	6	6	6

表 2-2-5 东北黑土区沟道长度图层属性表结构

指标名称	行政区划代码	沟道编码	沟道长度	沟道纵比	沟道类型
字段名称	xzqhdm	bm	length	gradient	type
数据类型	数值型	数值型	数值型	数值型	文本型
数据宽度	6	11	7	6	6
小数位	0	0	1	2	0

表 2-2-6 东北黑土区沟道界线图层属性表结构

指标名称	行政区划代码	沟道编码	所属区域	沟道面积
字段名称	xzqhdm	bm	lxq	area
数据类型	数值型	数值型	数值型	数值型
数据宽度	6	11	1	7
小数位	0	0	0	2

侵蚀沟道普查成果汇总以县级（区、市、旗）行政区划为单位按照侵蚀沟道类型对沟道数量、沟道面积、沟道长度进行汇总并计算沟壑密度。

第三节　水土保持措施普查

本次水土保持措施普查主要采用查阅资料和现场调查的方法，获取基本农田、水土保持林、种草、经济林、封禁治理、淤地坝、坡面水系工程、小型蓄水保土工程等普查指标，同时对库容在 50 万～500 万 m^3 的水土保持治沟骨干工程进行详查。

一、技术路线与工作流程

水土保持措施普查（不含水土保持治沟骨干工程普查）工作，以县级行政区划单位为单元（即将分布在一个县级行政区划范围内的各种水土保持措施分别打捆汇总得到整个县级行政单位的各种水土保持措施数据），由县级普查机构组织实施各项指标数据的采集，经地（市）级、省级普查机构对数据的合理性复核论证后上报国务院水利普查办公室。

水土保持治沟骨干工程普查工作，以单个工程为对象（即逐一清查每个治沟骨干工程得到各项普查指标的数据），由县级普查机构组织实施各项指标数据的采集，经地（市）级、省级普查机构对数据的合理性复核论证后上报国务院水利普查办公室。

水土保持措施普查工作可以分为资料收集、数据分析、数据审核和数据汇总等 4 个工作环节，普查技术路线和工作流程见图 2-3-1。

二、数据采集

在数据采集过程中，根据所收集的资料对水土保持措施普查各项指标的数据进行全面分析，并进行数据合理性审核。

（一）资料收集

县级普查机构全面收集 2010 年的水利、林业及农业等部门的年鉴，2011 年水利、林业及农业等部门水土保持工作的统计资料、专题调查资料，水土保持工程及相关行业工程的设计、建设和验收资料。

（二）数据分析

对于水土保持措施（不含水土保持治沟骨干工程），县级普查机构通过对水利、林业和农业的年鉴、年度统计报表、工程设计与验收资料等综合分析，获取各项措施普查指标的数量和分布。其中，水土保持工程措施（包括

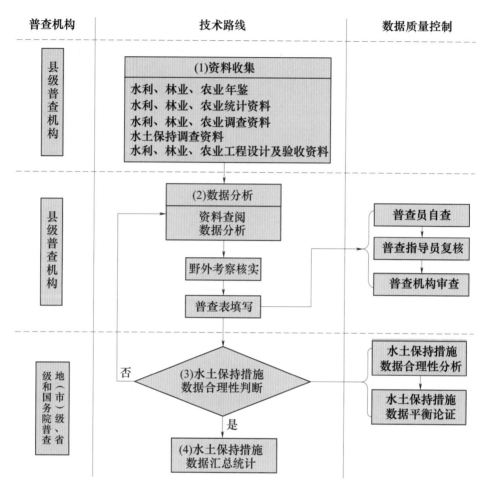

图 2-3-1　水土保持措施普查技术路线与工作流程

梯田、坝地、其他基本农田、淤地坝、坡面水系工程和小型蓄水保土工程）数据主要来自水利水土保持部门和农业部门的资料，植物措施（包括水土保持林、经济林、种草和封禁治理）数据主要来自水利、林业及农业等部门的资料。

对于水土保持治沟骨干工程，县级普查机构采取查阅资料和现场调查的方法获取各项普查指标的数据。其中，治沟骨干工程名称、所属项目名称两项指标，通过查阅工程的设计审批文件和工程所属项目立项审批文件获取（如项目可行性研究报告批文）；控制面积、总库容、坝高和坝顶长度 4 项指标，通过查阅工程设计和验收资料获取；已淤库容通过实测治沟骨干工程坝前淤泥厚度，并结合工程设计时的"水位-库容关系曲线"获得；地理位置（经度、纬度）采用手持 GPS 现场测定（或通过大比例尺地形图、高分辨率遥感影像查找得到）；照片采用数码照相机现场拍摄。对于建设较早、没有设计审批文件和验收文件的治沟骨干工程，主要通过实地测量得到坝高、坝顶长度和控制面积 3 项指标，通过实地调查获得工程名称指标，通过同类地区典型治沟骨干工程类比推算得到总库容，所属项目名称可以填写"其他"。

数据复核主要是由县级普查机构完成，包括普查员自查、普查指导员复核和普查机构审查等 3 个环节。其中，水土保持治沟骨干工程名称、所属项目名称不得错误，控制面积、总库容、坝高、坝顶长度和已淤库容的允许误差为 3％，地理位置（经度和纬度）的允许误差为 1″。

（三）数据汇总

水土保持措施普查数据汇总包括省级汇总和全国汇总，分别由省级普查机构和国务院水利普查办公室负责完成。省级普查机构负责汇总本辖区各县级行政单位的普查数据，并按照普查要求录入数据库，编制省级水土保持措施普查汇总表，上报国务院水利普查办公室；国务院水利普查办公室负责审核、汇总全国普查数据，建立全国水土保持措施普查数据库。

在数据汇总时，省级和全国都从行政区划和大江大河流域两个方面分别进行，全面反映地（市）级、省级、流域、全国等 4 个统计汇总层次，全面反映各种水土保持措施的数量以及在所辖行政区、所在大江大河流域的分布。

三、水土保持措施释义

本次普查的水土保持措施包括基本农田（含梯田、坝地和其他基本农田）、水土保持林、经济林、种草、封禁治理、其他、淤地坝、坡面水系工程和小型蓄水保土工程。其中，基本农田（含梯田、坝地和其他基本农田）、淤地坝、坡面水系工程和小型蓄水保土工程为水土保持工程措施，水土保持林（含乔木和灌木）、经济林、种草、封禁治理为水土保持植物措施，其他可以按面积计算的水土流失治理措施为其他。现将各种水土保持措施的含义、功能、形式以及在普查过程中应该注意区别的相关对象说明如下。

（一）基本农田

基本农田是指人工修建的能抵御一般旱、涝等自然灾害，保持高产稳产的农作土地，包括梯田、坝地和其他基本农田等 3 类。

水土保持行业的"基本农田"与《基本农田保护条例》中的"基本农田"是两个不同的概念。国家技术标准《水土保持术语》（GB/T 20465—2006）中的"基本农田"是在开展水土保持坡（地）改梯（田）的过程中发现坡地修成梯田后，保水保土保肥效果很好，在一般旱、涝灾情况下能保持高产稳产而不减产，成为解决吃饭问题的基本农田。后来进一步发展，将坝地、滩地和小片水地也纳入水土保持行业的"基本农田"之中，通称基本农田。显然"梯田、坝地和其他基本农田"仅仅是《基本农田保护条例》所指基本农田的一部分；而《基本农田保护条例》所称"基本农田"是指依据土地利用总体规划确定的不得占用的耕地。

　　梯田是为防止水土流失，将山坡、丘坡、沟坡地人为的改造成沿等高线修筑的田面水平或均整，纵断面呈水平台阶式或波浪式断面的田地。南方又称梯地、梯土。梯田是山区、丘陵区常见的一种基本农田，由于地块顺坡按等高线排列呈阶梯状而得名。梯田的种类较多，可根据断面形式、建筑材料、土地利用方式和施工方法等进行类型划分。按断面形式，可以把梯田分为水平梯田、坡式梯田和隔坡梯田等，见图2-3-2。按建筑材料（指建筑田坎的材料），可以把梯田分为土坎梯田、石坎梯田、植物坎梯田等，见图2-3-3。按土地利用方式，可以把梯田分为农用梯田、果园梯田、造林梯田和牧草梯田等，以农用梯田和果园梯田（图2-3-4）最为普遍。按施工方法，可以将梯田分为人工梯田和机修梯田（图2-3-5）。

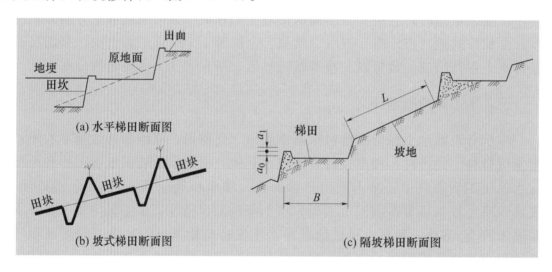

图2-3-2　梯田断面示意图

(a) 黄土高原的土坎梯田

(b) 南方地区石坎梯田

图2-3-3　不同材料梯田示意图

图2-3-4　黄土高原果园梯田

图2-3-5　正在修建中的机修梯田

坝地也称沟坝地、坝淤地,是在沟道中修建的淤地坝、拦泥坝等拦泥蓄水工程,经由泥沙淤积于坝内形成的地面平整的可耕作利用的土地(图2-3-6)。统计时要注意将"耕作利用"的部分计入坝地;若转为其他用途(造林、种草)或荒废,则不要计入坝地中。我国西南地区对四面环山中间形成的平坦地形,称"坝子""平坝子",其土地称"平坝地"或"坝地"。此类土地不是水土保持部门的坝地,不能计入普查对象之中。

其他基本农田是指实施的小片水地、滩地和引水拉沙造田等农田。小片水地是指在非平原或河川地以外的其他区域通过地形改造成为水浇地的农田(图2-3-7)。滩地是指河流和海边淤积成的平地或水中的沙洲,用于农业种植的土地(图2-3-8)。引水拉沙造田就是利用沙区河流、海子(湖泊)和水库的水源,自流引水或机械提水,以水力冲拉沙丘,把沙子携带到人们需要的低平地方,并平整造田。其中,以水力冲拉沙丘,把沙子携带到人们需要的低平地方叫引水拉沙,用这种造田方法就称为引水拉沙造田,见图2-3-9。

图2-3-6　黄土高原坝地

图2-3-7　南方丘陵区小片水地

(二)水土保持林

按水土保持林的防护目的和所处地形部位不同,水土保持林可以分为坡面防护林、沟头防护林、沟底防护林、塬边防护林、护岸林、水库防护林、防风固沙林和海岸防护林等,见图2-3-10和图2-3-11。

图 2-3-8　沙丘滩地

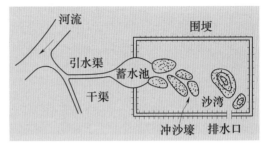

图 2-3-9　引水拉沙示意图

图 2-3-10　丘陵山区人工护岸护滩林

图 2-3-11　黄土高原坡面人工灌木林

　　在本次普查中，水土保持林限定在以人工种植的方法营造、以防治水土流失为主要功能的人工林，因此一些高山地区非人工种植的天然林不在此范围内，市区公园、森林公园、植物园中的林子也不属于本次普查的对象。海涂造林的目的是防风、绿化，能有效地改善农田生态环境，提高农业综合开发效益，所以，在南方沿海地带的海涂红树林属于水土保持林。塬边防护林是在塬边建设的防护林，具有固定沟头、塬边，防止集中股流下泄的防护功能，也可阻挡干热风，保护农田（图 2-3-12）。在某些地区，具有水土保持功能的人工种植和栽植的水源涵养林、用材林、生态林常常与水土保持林多林种并存、交错分布，此时应将用材林剔除，其他均按水土保持林统计（图 2-3-13）。

图 2-3-12　董志塬塬边防护林

图 2-3-13　鄂尔多斯水土保持林

在普查表登记中，只分乔木林和灌木林来填报。乔木林是指人工乔木林，以乔木为主的乔灌混交林按乔木林填写；灌木林是指人工灌木林，以灌木为主的乔灌混交林按灌木林填写。

乔木是指树身高大的树木，由根部发生独立的主干，且高达5m以上的木本植物。与低矮的灌木相对应，通常见到的高大树木都是乔木，如松树、栎树、杨树、白桦等。乔木防护林分布广、种类多，在水土流失严重的地区主要有坡面防护林、沟道防护林两种，前者用于控制坡面地表径流和土壤流失，保护下部的农田、水库等设施；后者用于控制地表径流下泄和冲刷，制止沟头前进、沟壁扩张、沟床下切，防止侵蚀沟道进一步发展，减少沟道的输沙量。鉴于分布位置不同，又分为沟缘（沟边）防护林、沟头防护林、沟坡防护林和沟床防护林，分别防治沟边、沟头、沟坡和沟床的侵蚀发展，见图2-3-14。

在沙丘边缘、绿洲边缘和平原区的河湖边缘，风沙活跃，风蚀严重。通过植树造林，形成防护林带（网），保护绿洲农田和沿海平原区农作物。图2-3-15所示为平原区防护林网，在防止干热风及风沙危害、保护作物稳产高产方面都有显著作用。

灌木无明显主干，分枝从近地面处开始、群落高度在3m以下，且不能改造为乔木的多年生木本植物，见图2-3-16。平原区的灌木林不宜纳入本次普查对象之中。

图2-3-14 坡面河沟道防护林

图2-3-15 平原区农田防护林

（三）经济林

水土保持经济林是指利用林木的果实、叶片、皮层和树液等林产品供人食用或作工业原料、药材等为主要目的而培育和经营的人工林，见图2-3-17。

在南方地区，种植广泛的桉树林具有适应性强、培育周期短、木材产量高、用途广泛等特点，尤其是作为纸浆的主要原料具有很好的经济价值。但很多人认为，种植桉树会影响种植地的生态环境，对水土造成不利影响，使蓄水

图 2-3-16 沟坡灌木防护林   图 2-3-17 山区经济林

层干枯；对土壤产生不利影响，使土壤贫瘠，甚至"上无飞鸟、下不长草"，影响物种的多样性。在本次普查中经过多次研讨，决定将桉树不作为水土保持经济林进行统计。在许多地方，许多经济林种植在梯田内，这些经济林应该统计到梯田里。其他地类的经济林，均统计到经济林中。

（四）种草

水土保持种草是指在水土流失地区，为蓄水保土、防止风蚀、改良土壤、发展畜牧业、美化环境而种植的草本植物，即人工种草，见图 2-3-18。但不包括庭院草坪、高尔夫球场草坪等。林草间作的，按乔木林、灌木林或经济林填写。

图 2-3-18 人工苜蓿草

对天然草地的补植补播面积是否计入水土保持种草之中，可根据具体情况区别对待。若天然草地进行了封禁管理，辅以了人工补植，则不计入种草，而应按照封禁治理中达到的郁闭度和面积要求，整个作为封禁治理面积统计；如果天然草地不是封禁管理，补植的种草面积大于 0.1hm² 时，就作为种草面积统计。

（五）封禁治理

封禁治理指对稀疏植被采取封禁管理，利用自然修复能力，辅以人工补植和抚育，促进植被恢复，控制水土流失，改善生态环境的一种生产活动。采取封育管护措施后，对于高寒草原区（如青海省、西藏自治区部分区域等），植被覆盖度达到 40% 以上的封禁地块，计入封禁治理面积统计；对于干旱草原区（如内蒙古自治区、宁夏回族自治区部分区域），植被覆盖度达到 30% 以上的封禁地块，计入封禁治理面积统计；除高寒草原区、干旱草原区外的其他区域，林草郁闭度达80％以上的封禁地块，计入封禁治理面积统计。但在同一地点若有不同部门投资封禁整理，只能计算一次面积，不能重复计算面积。封禁治理都有年限，若过了封禁治理年限，且已经具备自然修复能力，辅以人工补植和抚育，林草郁闭度达到80％以上的地块均计入封禁治理面积统计。

林业部门封育的三北防护林工程是天然林，若达到普查要求的覆盖度和面积下限，应计入封禁治理面积统计。自然保护区、风景区以及其他区域内的天然林、次生林草不包括在水土保持林和封禁育林之内。小流域治理中的水土保持林和封禁育林不分行业投资限制，只要具有防治水土流失功能的，均要计入封禁治理面积统计，见图2-3-19。

（六）其他

其他是指基本农田、水土保持林、经济林、种草和封禁治理等5项水土保持措施以外的、可以按面积计算的水土流失治理措施。在荒山荒地开发的苗圃地、封禁治理的湿地面积达到规定要求，均可以统计在其他措施之中，见图2-3-20。

图2-3-19　小流域围栏封禁治理　　　　　图2-3-20　育苗基地

（七）淤地坝

按库容大小，淤地坝可以分为小型淤地坝（库容1万～10万 m^3）、中型淤地坝（库容10万～50万 m^3）和大型淤地坝（库容50万～500万 m^3）。大型淤地坝已属水土保持治沟骨干工程，但也应按照要求将其数量和已淤地面积统计在淤地坝之中。淤地坝数量是指淤地坝的总座数。已淤地面积是指淤地坝拦蓄泥沙淤积形成的地面平整的可耕作土地面积，见图2-3-21。

（八）坡面水系工程

坡面水系工程主要分布在我国南方地区，如引水沟、截水沟、排水沟等，见图2-3-22。坡面水系工程的控制面积是指工程所能够保护农田的面积，坡面水系工程的长度是指工程的总长度。为防护村落修建的拦水坝不能算做坡面水系工程，因为其不是引水沟、截水沟、排水沟等坡面水系工程。

图2-3-21　黄土高原淤地坝　　　　图2-3-22　山丘区坡面水系工程

如果没有防止沟岸扩张的功能，仅仅是拦水护村，也不能算进小型蓄水保土工程。

（九）小型蓄水保土工程

小型蓄水保土工程中的点状工程包括水窖（旱井）、山塘（堰塘、陂塘、池塘）、沉沙池、谷坊、涝池（蓄水池）、沟道人字闸和拦沙坝等工程。

图2-3-23所示的水窖，多建于黄土高原等缺水或水味较苦的地区，用于拦截储存庭院、道路、场院的雨水、雪水，解决人畜饮水，还可应用于农田抗旱。图2-3-24所示的池塘，是我国南方地区修建的一种小型蓄水工程，它三面环山，一面垒土碾压筑埂、拦蓄山坡径流，主要用于灌溉养殖等。涝池常常建于村旁、沟头、路边等，能拦蓄径流和泥沙，有防止坡面水土流失、供牲畜饮用、点浇作物等作用，见图2-3-25。

图2-3-23　水窖　　　　　　　　　　图2-3-24　池塘

谷坊是山丘区沟谷中防治侵蚀而修建的小型工程，有土谷坊、柳谷坊、石谷坊、浆砌石谷坊等多种形式，一般规格较小，长度和高度多在5m内，它能抬高侵蚀基准防止沟谷下切，拦蓄泥沙稳固沟岸，进而减缓沟谷侧蚀。在同一小沟内，常分段建立多个谷坊，组成谷坊群，有更好的水土保持治沟效果，见图2-3-26和图2-3-27。

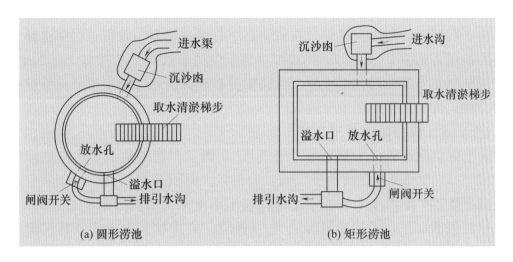

图 2-3-25　圆形、矩形涝池平面示意图

图 2-3-26　流域中的土谷坊群

图 2-3-27　浆砌石谷坊群

拦沙坝是沟谷中拦截粗大颗粒石块、砾石为主而修建的拦挡工程，主要作用是拦蓄石块、岩屑、泥沙，减缓沟床比降，对滑坡体运动产生阻力，促进沟坡稳定，目前多用于防治泥石流危害而修建。除水土保持部门外，交通部门、铁路系统多修建此工程，保护线路场站设施。见图 2-3-28。

图 2-3-28　拦沙坝

图 2-3-29　村庄沟头排水沟工程

小型蓄水保土工程中的线状工程包括沟头防护、沟边埂以及北方部分地区

拦洪（导洪）等工程。沟头防护修建在沟头，用以防止因径流冲刷而引起的沟头前进、沟床下切和沟头扩张，在黄土高原有保护塬面、农田、村庄道路不受蚕食的作用，见图2-3-29。沟边埝多建于塬边有浅沟汇集径流下泄的地段，常以培土埝并加横土档，或土埝加塬边防护林形式出现，对拦蓄径流保护塬面农田，防止沟岸扩张作用十分显著。

（十）水土保持治沟骨干工程

水土保持治沟骨干工程也称"骨干坝"，属于大型淤地坝工程，设计库容为50万～500万m^3，坝高大于30m，上游集水面积多在15km^2以上，分布在黄土高原坳沟中下游或干沟的中上游，属于水土保持治沟措施中的重大工程，除防蚀拦泥蓄水外，还是控制沟蚀的"骨干"，有保护其他措施或替代附近其他措施的作用。

大型淤地坝一般由坝体、溢洪道和泄水洞三部分组成。淤地坝坝址应选择在沟道库容大或淤地面积大、沟谷较窄的地方设坝体，溢洪道和泄水洞应建在基岩或较坚硬的土基上，以免冲刷坝体。黄土高原淤地坝的坝体多为均质土坝，也有少数土石混合坝，因沟中多有常流水，坝体设有反滤体；泄水洞多为卧管和无压涵洞，溢洪道多采用开敞式宽顶堰溢流与陡坡或多级跌水消能连接。

水土保持治沟骨干工程普查的指标主要包括控制面积、总库容、已淤库容、坝顶长度、坝高和地理位置。

控制面积是指治沟骨干工程上游集水区的面积。如果在一个沟道中分布有多个治沟骨干工程而构成了坝系，则较下游治沟骨干工程的控制面积不包含上游其他治沟骨干工程所控制的集水区面积，这时控制面积仅仅包括从坝体向上游到第一个治沟骨干工程之间的面积。

总库容是坝体与沟谷两侧合围形成的容积。坝体高程不同，其容积不同，拦泥坝高对应的容积称为拦泥库容，滞洪坝高对应的容积称为滞洪库容，拦泥坝高与滞洪坝高之和对应的容积为总库容，见图2-3-30。

已淤库容是指治沟骨干工程已经拦蓄淤积的泥沙容积或体积。一般的，骨干工程设计中有水位（淤高）与库容曲线、水位（淤高）与淤地面积曲线（图2-3-31），只要测得坝后淤积泥沙面的高程（即水位），在曲线中不难查出已淤积库容，即已经淤积的泥沙体积。

坝顶长度是指从治沟骨干工程的左坝肩到右坝肩的长度，通常决定建坝的工程量；坝高是指治沟骨干工程坝体的最大高度，通常决定坝后的库容大小；地理位置是指治沟骨干工程的坝体轴线中点处的经度和纬度，见图2-3-32。

为真实反映和记录治沟骨干工程的现状情况，要求拍摄治沟骨干工程照

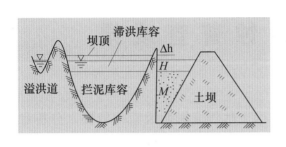

图 2-3-30 治沟骨干工程坝高
与库容示意图

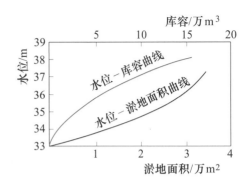

图 2-3-31 治沟骨干工程水位与库容、
淤地面积曲线图

图 2-3-32 治沟骨干工程的坝顶长度和坝高示意图

片，并填写登记拍摄照片的时间。要求照片能够全面反映出治沟骨干工程的主要组成、运行状况、淤积情况及坝地利用情况等。为保证照片能够反映这些特征，可以从多个角度拍摄照片，并进行编号命名。

治沟骨干工程中的控制面积、总库容、坝高和坝顶长度等 4 个指标数值在工程设计尤其是在竣工验收时已经确定，一般不会因为年份的变化而变化。如果工程建设时间较早，没有设计和验收文件，则需要通过实地测量得到坝高、坝顶长度和控制面积 3 个指标数值，通过同类地区典型治沟骨干工程类比推算得到总库容指标。

第三章 土壤侵蚀普查成果

通过本次普查，全面了解和掌握了我国土壤侵蚀影响因素的特征，分析和评价了水力侵蚀、风力侵蚀和冻融侵蚀的面积、分布和强度，为进一步开展水土流失预防和治理、实施生态文明建设提供了详实的数据支撑。

第一节 土壤侵蚀因子情况

土壤侵蚀因子是指水力侵蚀、风力侵蚀和冻融侵蚀模型中的各个因子。水力侵蚀因子包括 7 个，分别是降雨侵蚀力因子、土壤可蚀性因子、坡长因子、坡度因子、植被覆盖与生物措施因子、工程措施因子和耕作措施因子。风力侵蚀因子包括 4 个，分别是表土湿度因子、风力因子、地表粗糙度因子和植被覆盖度因子。冻融侵蚀因子包括 5 个，分别是年冻融日循环天数因子、日均冻融相变水量因子、年均降水量因子、坡度与坡向因子和植被覆盖度因子。

一、水力侵蚀因子

（一）降雨侵蚀力因子

1. 全国年降雨侵蚀力特征

全国降雨侵蚀力 R 值空间分布呈现从东南向西北方向逐渐递减的趋势（附图 D1），大部分地区变化于 50～10000MJ・mm/(hm²・h・a)。华南南部和江南北部局部地区达到 10000MJ・mm/(hm²・h・a) 以上。华南大部、江南大部、黄淮南部、江淮、江汉、西南地区东北部及云南南部等地在 4000～10000MJ・mm/(hm²・h・a)。东北、华北大部、西北地区东部、西南地区东南部及内蒙古东部局部地区在 1000～4000MJ・mm/(hm²・h・a)。西北地区中部及内蒙古中东部、西藏东南部、新疆西北部局部地区在 250～1000MJ・mm/(hm²・h・a)。内蒙古西部局部地区、甘肃西部、青海西北部和新疆南部等地不足 50MJ・mm/(hm²・h・a)。

《全国水土保持区划导则（试行）》将我国划分为 8 个一级区，分别为东北黑土区、北方风沙区、北方土石山区、西北黄土高原区、南方红壤区、西南紫色土区、西南岩溶区和青藏高原区。各水土保持区划一级区的 R 值分布特征如下。

东北黑土区的大部分地区 R 值变化于 $500\sim4000MJ\cdot mm/(hm^2\cdot h\cdot a)$。辽宁省东南局部地区大于 $4000MJ\cdot mm/(hm^2\cdot h\cdot a)$。辽宁省大部、吉林省南部局部地区在 $2000\sim4000MJ\cdot mm/(hm^2\cdot h\cdot a)$。黑龙江省大部、吉林省大部、内蒙古自治区东部局部地区在 $1000\sim2000MJ\cdot mm/(hm^2\cdot h\cdot a)$。

西北黄土高原区的大部分地区 R 值变化于 $500\sim2000MJ\cdot mm/(hm^2\cdot h\cdot a)$。山西省西部、陕西省大部、甘肃省东部地区大于 $1000MJ\cdot mm/(hm^2\cdot h\cdot a)$。其余大部分地区变化于 $500\sim1000MJ\cdot mm/(hm^2\cdot h\cdot a)$。

北方土石山区的大部分地区 R 值变化于 $500\sim6000MJ\cdot mm/(hm^2\cdot h\cdot a)$。安徽省北部、河南省东南部、江苏省北部、山东省东南部局部地区在 $4000\sim6000MJ\cdot mm/(hm^2\cdot h\cdot a)$。山东省大部、河南省西北部、河北省中东部、天津市、北京市东南部地区在 $2000\sim4000MJ\cdot mm/(hm^2\cdot h\cdot a)$。山西省东北部局部地区、河北省西北部局部地区不足 $1000MJ\cdot mm/(hm^2\cdot h\cdot a)$。

南方红壤丘陵区的大部分地区 R 值变化于 $4000\sim10000MJ\cdot mm/(hm^2\cdot h\cdot a)$。海南省、广东省中南部、广西壮族自治区南部局部地区达到 $10000MJ\cdot mm/(hm^2\cdot h\cdot a)$ 以上。广东省北部、广西壮族自治区大部、福建省东南部和西北部局部地区、江西省东北部在 $8000\sim10000MJ\cdot mm/(hm^2\cdot h\cdot a)$。浙江省南部、福建省中部、安徽省南部、湖北省东部、湖南省东部、广西壮族自治区北部局部地区在 $6000\sim10000MJ\cdot mm/(hm^2\cdot h\cdot a)$。

西南岩溶区的大部分地区 R 值变化于 $500\sim6000MJ\cdot mm/(hm^2\cdot h\cdot a)$。贵州省大部、云南省南部、重庆市大部、四川省东北部等地大于 $4000MJ\cdot mm/(hm^2\cdot h\cdot a)$；云南省中北部、四川省南部等地在 $2000\sim4000MJ\cdot mm/(hm^2\cdot h\cdot a)$。

青藏高原区的大部分地区 R 值变化于 $100\sim1500MJ\cdot mm/(hm^2\cdot h\cdot a)$，由东向西递减。拉萨以东的雅鲁藏布江流域 R 值最大，变化于 $600\sim1500MJ\cdot mm/(hm^2\cdot h\cdot a)$。其他大部分地区变化于 $100\sim600MJ\cdot mm/(hm^2\cdot h\cdot a)$。西部的阿里地区甚至小于 $100MJ\cdot mm/(hm^2\cdot h\cdot a)$。

2. 半月降雨侵蚀力比例特征

冬季（12月，1—2月）及3月上半月的降雨侵蚀力占全年 R 值的比例很小，全国大部分地区都在 0.5% 以内，3月下半月、4月、10月下半月及11月大部分地区比例在 10% 以内，9月下半月及10月上半月大部分地区比例在 15% 以内，5—6月及9月上半月大部分地区比例在 20% 以内，8月两个半月大部分地区比例在 25% 以内，7月两个半月大部分地区比例在 30% 以内。

东北黑土区的降雨侵蚀力集中于4月下半月及5—10月，占全年 R 值的

98%左右。1—3月、4月上半月及11—12月的全区半月侵蚀力比例均不足1%，4月下半月、5—6月及9—10月比例不足10%，7月上半月、8月比例不足20%，7月下半月比例大于20%。

西北黄土高原区的降雨侵蚀力集中于4月下半月、5—9月及10月上半月，占全年R值的97%左右。1—3月、4月上半月、10月下半月及11—12月全区的半月侵蚀力比例均不足1%，4月下半月、5—6月、9月、10月上半月比例不足10%，7—8月比例在15%左右，最大值为7月下半月，比例为16%。

北方土石山区的降雨侵蚀力集中于4月下半月、5—9月及10月上半月，占全年R值的95%左右。1—3月、4月上半月、10月下半月及11—12月全区的半月侵蚀力比例均不足1%，4月下半月、5—6月、9月、10月上半月比例不足10%，7—8月4个半月比例依次为16%、18%、17%和11%。

南方红壤丘陵区的降雨侵蚀力集中于2—11月，占全年R值的97%左右。1月和12月全区的半月侵蚀力比例均不足1%，除6月下半月比例为11%以外，其余时段比例均不足10%。

西南岩溶区的降雨侵蚀力集中于4—10月及11月上半月，占全年R值的96%左右。1—3月、11月下半月及12月全区的半月侵蚀力比例均不足1%，4月下半月、5月、6月上半月、9—10月、11月上半月的比例不足10%，6月下半月、7—8月半月的比例大于10%。

青藏高原区的降雨侵蚀力集中于5—9月，占全年R值的89%。其中，6月下半月至8月下半月间各半月侵蚀力比例均高于10%，合计占全年R值的65%，最大的7月上半月和下半月比例分别为13%和16%。

（二）土壤可蚀性因子

全国土壤可蚀性K值空间分布呈现从北向南减小的趋势（附图D2），与土壤理化性质的地域分布特征相吻合。北方土壤黏粒含量比南方少，其土壤抗侵蚀能力较南方弱，K值较大。

西北黄土高原区的K值最大，这是由于该区分布有大面积理化性质较为均一的黄土，土壤机械组成的粉粒含量较高而黏粒较低。北方土石山区和东北黑土区K值较高，但黑龙江省K值较低。西南岩溶区、南方红壤丘陵区北部地区的K值在全国居于中等，但江苏省部分地区和上海市K值偏高，主要是由于土壤有机质含量较低。南方红壤丘陵区的岭南地区K值较低。全国K值最低的地区位于青藏高原北侧。

由各省（自治区、直辖市）统计的土壤类型来看（表3—1—1），盐土和潮土的K值较大，而棕壤和红壤的K值较小，这种差异主要原因在于黏粒和有机质含量，前者的黏粒和有机质含量均较低，因而K值较大，后者则相反。

表 3-1-1　　　　　全国各省（自治区、直辖市）K 值统计表

单位：t·hm²·h/（hm²·MJ·mm）

省（自治区、直辖市）	最大值	土类	最小值	土类	平均值
北京	0.0828	潮土	0.0040	山地草甸土	0.0381
天津	0.0575	滨海盐土	0.0138	棕壤	0.0453
河北	0.0750	褐土	0.0028	红黏土	0.0338
山西	0.0711	盐土	0.0018	棕壤	0.0378
内蒙古	0.0636	碱土	0.0089	风沙土	0.0356
辽宁	0.0805	草甸盐土	0.0065	泥炭土	0.0390
吉林	0.0687	黑土	0.0009	白浆土	0.0351
黑龙江	0.0387	白浆土	0.0138	火山灰土	0.0284
上海	0.0733	滨海盐土	0.0061	水稻土	0.0420
江苏	0.0765	滨海盐土	0.0097	黄棕壤	0.0357
浙江	0.0450	潮土	0.0031	粗骨土	0.0335
安徽	0.0590	潮土	0.0025	山地草甸土	0.0325
福建	0.0537	滨海盐土	0.0074	红壤	0.0276
江西	0.0552	火山灰土	0.0064	山地草甸土	0.0315
山东	0.0554	潮土	0.0052	风沙土	0.0365
河南	0.0658	盐碱土	0.0114	风沙土	0.0377
湖北	0.0490	黄棕壤	0.0023	潮土	0.0300
湖南	0.0470	红黏土	0.0082	红壤	0.0263
广东	0.0382	酸性硫酸盐土	0.0068	紫色土	0.0235
广西	0.0562	滨海盐土	0.0079	石灰岩土	0.0300
海南	0.0381	新积土	0.0070	黄壤	0.0311
重庆①	—	—	—	—	—
四川	0.0667	新积土	0.0010	褐土	0.0283
贵州	0.0361	山地草甸土	0.0055	红壤	0.0265
云南	0.0484	棕色针叶林土	0.0091	黄壤	0.0292
西藏	0.0385	冷钙土	0.0080	沼泽土	0.0285
陕西	0.0690	黄绵土	0.0004	棕壤	0.0336
甘肃	0.0669	盐土	0.0006	灌漠土	0.0314
青海	0.0681	棕钙土	0.0145	盐土	0.0460
宁夏	0.0608	盐土	0.0026	泥炭土	0.0407
新疆	0.0661	灰棕漠土	0.0073	粗骨土	0.0406

①　第二次全国土壤普查将现在的重庆市包含在四川省内。

（三）地形因子

我国地形因子（LS）的分布规律与坡度更加吻合，受坡长影响相对较小（附图 D3）。从各区看，东北漫岗丘陵区的 LS 因子值最小，平均仅为 0.5，但该区坡长最大，变化于 0～1000m，平均达 480m 左右，坡度基本小于 1°，导致 LS 值偏低。西北黄土丘陵沟壑区坡长最小，多小于 200m，平均仅为 83m，但坡度平均值达 22°，导致坡度因子值较大，变化于 0～40。西南紫色土丘陵区坡长多小于 300m，平均 115m 左右，坡度均值 15.9°，LS 因子值变化于 0～30。南方红壤丘陵区与西南紫色土丘陵区坡长类似，因子多变化于 0～40。因此从地形特征看，黄土丘陵沟壑区、南方红壤丘陵区和西南紫色土丘陵区都是容易导致水力侵蚀发生的地区。

（四）植被覆盖与生物措施因子

1. 全国植被盖度特征

选择 2010 年 1 月上旬、4 月上旬、7 月上旬和 10 月下旬 4 个时相分别代表冬、春、夏、秋 4 个时段的植被盖度变化。从四季变化看，夏季植被盖度最大，各区平均盖度约为东北黑土区 73%、西北黄土高原区 54%、北方土石山区 68%、南方红壤丘陵区 73%、西南岩溶区 77%、青藏高原区 33%；冬季植被盖度最小，东北黑土区 14%、西北黄土高原区 21%、北方土石山区 25%、南方红壤丘陵区 49%、西南岩溶区 47%、青藏高原区 12%。从空间分布看，南方红壤丘陵区、西南岩溶区等地区的常绿植被一直保持比较高的植被盖度，西北黄土高原区和青藏高原区相对而言植被盖度均处于全国比较低的水平。除南方红壤区和西南岩溶区外，其余各区覆盖度季节性差异较大，这种差异在东北黑土区能达到 59%，西北黄土高原区 33%，北方土石山区 43%，青藏高原区 21%。

2. 全国覆盖与生物措施因子特征

计算覆盖与生物措施因子值的土壤流失比率赋值见表 3－1－2，依据植被郁闭度或盖度即可计算全年覆盖与生物措施因子值。其中沙漠、冰川、水域等的 B 因子值为 0，裸土和耕地的 B 因子值为 1。各种植被类型 B 因子值变化于 0～1。

B 因子的空间分布呈现以下基本规律（附图 D4）：东北黑土区 B 因子平均值为 0.17。中部及东北部的东北平原是我国主要商品粮基地，耕地 B 因子值多为 0.4～1，西北部、北部的大、小兴安岭和东南部的长白山等植被覆盖好，B 因子取值在 0～0.05 之间。北方土石山区 B 因子平均值为 0.32，耕地分布广泛，植被覆盖较差，B 因子取值区间为 0.2～0.4 和 0.4～1 的分布较为广泛，辽宁西南部、河北北部、北京西北部以及山西西部等区域山区分布较多，

表3-1-2　计算覆盖与生物措施因子（B）值的土壤流失比率（B_i）赋值表

盖度/%	草	灌	乔木 郁闭度/%																			
			0	5	10	15	20	25	30	35	40	45	50	55	60	65	70	75	80	85	90	95	100
0	0.516	0.614	0.450	0.444	0.438	0.432	0.426	0.420	0.414	0.408	0.402	0.396	0.390	0.384	0.378	0.372	0.366	0.360	0.354	0.348	0.342	0.336	0.330
5	0.418	0.410	0.388	0.382	0.377	0.372	0.367	0.362	0.357	0.352	0.347	0.342	0.337	0.332	0.327	0.322	0.317	0.312	0.307	0.302	0.297	0.292	0.287
10	0.345	0.310	0.325	0.321	0.317	0.313	0.309	0.305	0.301	0.297	0.293	0.289	0.285	0.280	0.276	0.272	0.268	0.264	0.260	0.256	0.252	0.248	0.244
15	0.267	0.250	0.263	0.259	0.256	0.253	0.250	0.247	0.244	0.241	0.238	0.235	0.232	0.229	0.226	0.223	0.219	0.216	0.213	0.210	0.207	0.204	0.201
20	0.242	0.200	0.200	0.198	0.196	0.194	0.192	0.190	0.187	0.185	0.183	0.181	0.179	0.177	0.175	0.173	0.171	0.169	0.166	0.164	0.162	0.160	0.158
25	0.200	0.180	0.176	0.174	0.172	0.171	0.169	0.167	0.165	0.163	0.162	0.160	0.158	0.156	0.154	0.152	0.151	0.149	0.147	0.145	0.143	0.142	0.140
30	0.170	0.150	0.152	0.150	0.149	0.147	0.146	0.144	0.143	0.141	0.140	0.138	0.137	0.135	0.134	0.132	0.131	0.129	0.128	0.126	0.125	0.123	0.122
35	0.140	0.130	0.128	0.127	0.126	0.124	0.123	0.122	0.121	0.119	0.118	0.117	0.116	0.114	0.113	0.112	0.111	0.109	0.108	0.107	0.106	0.104	0.103
40	0.110	0.105	0.104	0.103	0.102	0.101	0.100	0.099	0.098	0.097	0.096	0.095	0.095	0.094	0.093	0.092	0.091	0.090	0.089	0.088	0.087	0.086	0.085
45	0.100	0.095	0.089	0.088	0.087	0.086	0.085	0.085	0.084	0.083	0.082	0.082	0.081	0.080	0.079	0.079	0.078	0.077	0.076	0.076	0.075	0.074	0.073
50	0.073	0.065	0.073	0.072	0.072	0.071	0.071	0.070	0.070	0.069	0.068	0.068	0.067	0.067	0.066	0.066	0.065	0.064	0.064	0.063	0.063	0.062	0.062
55	0.058	0.053	0.058	0.057	0.057	0.056	0.056	0.056	0.055	0.055	0.054	0.054	0.054	0.053	0.053	0.052	0.052	0.052	0.051	0.051	0.051	0.050	0.050
60	0.042	0.040	0.042	0.042	0.042	0.041	0.041	0.041	0.041	0.041	0.040	0.040	0.040	0.040	0.040	0.039	0.039	0.039	0.039	0.039	0.038	0.038	0.038
65	0.035	0.033	0.035	0.035	0.034	0.034	0.034	0.034	0.034	0.034	0.033	0.033	0.033	0.033	0.033	0.033	0.033	0.032	0.032	0.032	0.032	0.032	0.032
70	0.028	0.027	0.028	0.027	0.027	0.027	0.027	0.027	0.027	0.027	0.027	0.026	0.026	0.026	0.026	0.026	0.026	0.026	0.026	0.025	0.025	0.025	0.025
75	0.020	0.020	0.020	0.020	0.020	0.020	0.020	0.020	0.020	0.020	0.020	0.020	0.019	0.019	0.019	0.019	0.019	0.019	0.019	0.019	0.019	0.019	0.019
80	0.013	0.013	0.013	0.013	0.013	0.013	0.013	0.013	0.013	0.013	0.013	0.013	0.013	0.013	0.013	0.012	0.012	0.012	0.012	0.012	0.012	0.012	0.012
85	0.010	0.010	0.010	0.010	0.010	0.010	0.010	0.010	0.010	0.009	0.009	0.009	0.009	0.009	0.009	0.009	0.009	0.009	0.009	0.009	0.009	0.009	0.009
90	0.006	0.006	0.006	0.006	0.006	0.006	0.006	0.006	0.006	0.006	0.006	0.006	0.006	0.006	0.006	0.006	0.006	0.006	0.006	0.006	0.006	0.006	0.006
95	0.003	0.003	0.003	0.003	0.003	0.003	0.003	0.003	0.003	0.003	0.003	0.003	0.003	0.003	0.003	0.003	0.003	0.003	0.003	0.003	0.003	0.003	0.003
100	0.003	0.003	0.003	0.003	0.003	0.003	0.003	0.003	0.003	0.003	0.003	0.003	0.003	0.003	0.003	0.003	0.003	0.003	0.003	0.003	0.003	0.003	0.003

B 因子取值多在 0.01～0.05 或 0.05～0.1 之间。西北黄土高原区 B 因子平均值为 0.25，因植被覆盖较差，B 因子取值区间在 0.2～0.4 和 0.4～1 的分布较为广泛，东北部及榆林以西的 B 因子值相对较小，B 因子取值集中分布在 0.1～0.2 和 0.05～0.1 之间，吕梁山区的 B 因子值也较小，取值多在 0.01～0.05 或 0.05～0.1 之间。南方红壤丘陵区 B 因子平均值为 0.23。耕地分布广泛，长江中下游平原的耕地分布集中，B 因子值多为 0.4～1，鄂西和湘西以山地为主，B 因子取值多在 0.01～0.05 或 0.05～0.1 之间，福建、广东、广西等地 B 因子值多在 0.05 以上，区间 0.05～0.1、0.1～0.2 和 0.2～1 在空间上交错分布。西南土石山区 B 因子平均值为 0.21，中北部的四川盆地耕地分布集中，B 因子值为 0.4～1；西部的川西山地和横断山脉植被覆盖好，B 因子取值多在 0.01～0.05 或 0.05～0.1 之间；南部区域贵州和云南等地，B 因子值多在 0.05 以上，区间 0.05～0.1、0.1～0.2 和 0.2～1 在空间上交错分布。青藏高原区 B 因子平均值为 0.22，植被覆盖较差，农地分布很少，B 因子取值多在 0.05～0.1、0.1～0.2 和 0.2～1 之间，北部的局部区域如海西附近等地 B 因子值则较小。

从 B 因子值的季节分布来看：春季植被覆盖较差，裸土和耕地的 B 因子值赋值为 1，因此全国的 B 因子值相对较大，多在 0.2～0.4 或 0.4～1 之间；沙漠、冰川、水域等（除裸土以外）地区，B 因子值赋值为 0，因此在西北部地区如塔里木沙漠等地 B 因子值很小，取值多为 0～0.01，此外东北部的大兴安岭和小兴安岭等地 B 因子值也较小，取值多为 0.01～0.05、0.05～0.1、或 0.1～0.2。夏季植被覆盖最好，B 因子值取值也最小；除耕地外，全国大部分地区 B 因子值都小于 0.1，山地区多数小于 0.05。秋季植被覆盖明显次于夏季，但好于春季，全国的 B 因子值多分布在 0.1～0.2、0.2～0.4 或 0.4～1 之间。沙漠、冰川、水域等（除裸土以外）的地区，B 因子值赋值为 0，因此在西北部地区如塔里木沙漠等地 B 因子值很小，取值多为 0～0.01，冬季植被覆盖最差，B 因子值也相对最大，B 因子取值多在 0.1～0.2、0.2～0.4 或 0.4～1 之间。

春夏秋冬四季的 B 因子值空间分布格局与全年的 B 因子值空间分布格局具有较好的相似性，其中夏季 B 因子值与年 B 因子值空间分布最相似，这是因为我国各地降雨一般都集中在夏季，年 B 因子值是各季节 B 因子值按降雨侵蚀力进行加权平均计算得到的，年 B 因子值大小主要受夏季 B 因子值的影响。春季、秋季和冬季 B 因子值的空间分布规律具有更好的相似性。

（五）工程措施因子和耕作措施因子

依据《水土保持综合治理技术规范》（GB/T 16453.1～6—2008），遴选我国水土保持工程措施和耕作措施（附表 A2）。通过广泛收集全国范围内水土保持工程与耕作措施试验资料及发表的研究成果，按统一标准校正后，得到各种工程、耕作、轮作措施的因子赋值表（表 3-1-3～表 3-1-5）。

表 3-1-3　　　　　　　水土保持工程措施因子（E）赋值表

一级分类		二级分类		三级分类		因子值
代码	名称	代码	名　称	代码	名　称	
02	工程措施	0201	梯田	020101	土坎水平梯田	0.084
				020102	石坎水平梯田	0.121
				020103	坡式梯田	0.414
				020104	隔坡梯田	0.347
		0202	软埝			0.414
		0203	坡面小型蓄排工程	020301	截水沟	—
				020302	排水沟	—
				020303	蓄水池	—
				020304	沉沙池	—
		0204	水平阶（反坡梯田）			0.151
		0205	水平沟			0.335
		0206	鱼鳞坑			0.249
		0207	大型果树坑			0.160
		0208	路旁、沟底小型蓄引工程	020801	水窖	—
				020802	涝池	—
		0209	沟头防护	020901	蓄水型沟头防护	—
				020902	排水型沟头防护	—
		0210	谷坊	021001	土谷坊	—
				021002	石谷坊	—
				021003	植物谷坊	—
		0211	淤地坝	021101	小型淤地坝	—
				021102	中型淤地坝	—
				021103	大型淤地坝	—
		0212	引洪漫地			—

一级分类		二级分类		三级分类		因子值
代码	名称	代码	名称	代码	名称	
02	工程措施	0213	崩岗治理工程	021301	截水沟	—
				021302	崩壁小台阶	—
				021303	土谷坊	—
				021304	拦沙坝	—
		0214	引水拉沙造地	021401	引水渠	—
				021402	蓄水池	—
				021403	冲沙壕	—
				021404	围埝	—
				021405	排水口	—
		0215	沙障固沙	021501	带状沙障	—
				021502	方格状（网状）沙障	—

注　本表列出了全部水土保持工程措施类型，但只对坡面措施进行 E 因子赋值而不给其他措施赋值（如：谷坊、淤地坝和引洪漫地位于沟道，引水拉沙造地和沙障固沙属于风蚀措施）；对位于坡面的点状和线状工程措施，因目前研究较少，没有收集到相关资料，不进行 E 因子赋值（如坡面小型蓄排工程分解为不同的点状或线状工程，沟头防护、崩岗治理为点状工程）。未赋值的采用"—"表示。

表 3-1-4　　　　　水土保持耕作措施因子（T）赋值表

一级分类		二级分类		三级分类		因子值
代码	名称	代码	名称	代码	名称	
03	耕作措施	0301	等高耕作			0.431
		0302	等高沟垄种植			0.425
		0303	垄作区田			0.152
		0304	掏钵（穴状）种植			0.499
		0305	抗旱丰产沟			0.213
		0306	休闲地水平犁沟			0.425
		0307	中耕培垄			0.499
		0308	草田轮作			0.225
		0309	间作与套种			见表3-1-5
		0310	横坡带状间作			0.225
		0311	休闲地绿肥			0.225
		0312	留茬少耕			0.212
		0313	免耕			0.136
		0314	轮作		见表3-1-5	见表3-1-5

表 3 - 1 - 5　　　　　　　　　　　　　　轮作措施因子赋值表*

一级区	一级区名	二级区	二级区名	代码	名　称	因子值
I	青藏高原喜凉作物一熟轮歇区	I 1	藏东南川西河谷地喜凉一熟区	031401A	春小麦→春小麦→春小麦→休闲或撂荒	0.423
				031401B	小麦→豌豆	0.346
				031401C	冬小麦→冬小麦→冬小麦→休闲	0.423
		I 2	海北甘南高原喜凉一熟轮歇区	031402A	春小麦→春小麦→春小麦→休闲或撂荒	0.423
				031402B	小麦→豌豆	0.346
				031402C	冬小麦→冬小麦→冬小麦→休闲	0.423
II	北部中高原半干旱喜凉作物一熟区	II 1	后山坝上晋北高原山地半干旱喜凉一熟区	031403A	大豆→谷子→糜子	0.524
		II 2	陇中青东宁中南黄土丘陵半干旱喜凉一熟区	031404A	春小麦→荞麦→休闲	0.669
				031404B	豌豆（扁豆）→春小麦→马铃薯	0.404
				031404C	豌豆（扁豆）→春小麦→谷麻	0.416
III	北部低高原易旱喜温一熟区	III 1	辽吉西蒙东南冀北半干旱喜温一熟区	031405A	大豆→谷子→马铃薯→糜子	0.523
		III 2	黄土高原东部易旱喜温一熟区	031406A	小麦→马铃薯→豆类	0.404
				031406B	豆类→谷子→高粱→马铃薯	0.467
				031406C	豌豆（扁豆）→小麦→小麦→糜子	0.369
				031406D	大豆→谷子→马铃薯→糜子	0.523
		III 3	晋东半湿润易旱一熟填闲区	031407A	玉米‖大豆→谷子	0.487
		III 4	渭北陇东半湿润易旱冬麦一熟填闲区	031408A	豌豆→冬小麦→冬小麦→冬小麦→谷糜	0.341
				031408B	油菜→冬小麦→冬小麦→冬小麦→谷糜	0.279

一级区	一级区名	二级区	二级区名	代码	名　称	因子值
IV	东北平原丘陵半湿润喜温作物一熟区	IV1	大小兴安岭山麓岗地喜凉一熟区	031409A	春小麦→春小麦→大豆	0.201
				031409B	春小麦→马铃薯→大豆	0.351
		IV2	三江平原长白山地凉温一熟区	031410A	春小麦→谷子→大豆	0.362
				031410B	春小麦→玉米→大豆	0.302
				031410C	春小麦→春小麦→大豆→玉米	0.244
		IV3	松嫩平原喜温一熟区	031411A	大豆→玉米→高粱→玉米	0.384
		IV4	辽河平原丘陵温暖一熟填闲区	031412A	大豆→高粱→谷子→玉米	0.43
				031412B	大豆→玉米→玉米→高粱	0.384
				031412C	大豆→玉米→高粱→玉米	0.384
V	西北干旱灌溉一熟兼二熟区	V1	河套河西灌溉一熟填闲区	031413A	春小麦→春小麦→玉米→马铃薯	0.338
				031413B	春小麦→春小麦→玉米（糜子）	0.278
				031413C	小麦→小麦→谷糜→豌豆	0.369
		V2	北疆灌溉一熟填闲区	031414A	冬小麦→冬小麦→玉米	0.278
		V3	南疆东疆绿洲二熟一熟区	031415A	冬小麦-玉米	0.478
				031415B	棉花→棉花→棉花→高粱→瓜类	0.354
				031415C	冬小麦→玉米→棉花→油菜/草木樨	0.309

一级区	一级区名	二级区	二级区名	代码	名 称	因子值
VI	黄淮海平原丘陵水浇地二熟旱地二熟一熟区	VI1	燕山太行山山前平原水浇地套复二熟旱地一熟区	031416A	小麦-夏玉米	0.363
				031416B	小麦-大豆	0.446
				031416C	小麦/花生	0.483
				031416D	小麦/玉米	0.363
		VI2	黑龙港缺水低平原水浇地二熟旱地一熟区	031417A	小麦-玉米	0.358
				031417B	小麦-谷子	0.536
		VI3	鲁西北豫北低平原水浇地粮棉二熟一熟区	031418A	小麦-玉米	0.350
		VI4	山东丘陵水浇地二熟旱坡地花生棉花一熟区	031419A	甘薯→花生→谷子	0.525
				031419B	棉花→花生	0.489
				031419C	小麦-玉米→小麦-玉米	0.365
				031419D	小麦-玉米	0.366
		VI5	黄淮平原南阳盆地旱地水浇地二熟区	031420A	小麦-大豆	0.433
				031420B	小麦-玉米	0.346
				031420C	小麦-甘薯	0.496
		VI6	汾渭谷地水浇地二熟旱地一熟二熟区	031421A	小麦-玉米	0.345
				031421B	小麦-甘薯	0.492
		VI7	豫西丘陵山地旱地坡地一熟水浇地二熟区	031422A	马铃薯/玉米	0.382
				031422B	小麦-夏玉米→春玉米	0.365
				031422C	小麦-谷子→春玉米	0.456
VII	西南中高原山地旱地二熟一熟水田二熟区	VII1	秦巴山区旱地二熟一熟兼水田二熟区	031423A	小麦/玉米	0.352
				031423B	油菜-玉米	0.338
				031423C	小麦-甘薯	0.501
		VII2	川鄂湘黔低高原山地水田旱地二熟兼一熟区	031424A	油菜-甘薯	0.483
				031424B	小麦-甘薯	0.477
				031424C	油菜-花生	0.464
				031424D	小麦-玉米	0.339

一级区	一级区名	二级区	二级区名	代码	名　称	因子值
Ⅶ	西南中高原山地旱地二熟一熟水田二熟区	Ⅶ3	贵州高原水田旱地二熟一熟区	031425A	小麦-甘薯	0.506
				031425B	油菜-甘薯	0.509
				031425C	小麦-玉米	0.362
		Ⅶ4	云南高原水田旱地二熟一熟区	031426A	小麦-玉米	0.353
				031426B	冬闲-春玉米‖大豆	0.409
				031426C	冬闲-夏玉米‖大豆	0.417
		Ⅶ5	滇黔边境高原山地河谷旱地一熟二熟水田二熟区	031427A	马铃薯/玉米两熟	0.421
				031427B	马铃薯/大豆	0.483
				031427C	小麦/玉米	0.359
Ⅷ	江淮平原丘陵麦稻二熟区	Ⅷ1	江淮平原麦稻二熟兼旱三熟区	031428A	小麦-玉米	0.343
				031428B	小麦-甘薯	0.475
				031428C	小麦-大豆	0.424
		Ⅷ2	鄂豫皖丘陵平原水田旱地二熟兼旱三熟区	031429A	小麦-玉米	0.345
				031429B	小麦-花生	0.464
				031429C	小麦-甘薯	0.481
				031429D	小麦-豆类	0.421
Ⅸ	四川盆地水旱二熟兼三熟区	Ⅸ1	盆西平原水田麦稻二熟填闲区	031430A	小麦-玉米	0.35
				031430B	小麦-甘薯	0.482
				031430C	油菜-玉米	0.336
				031430D	油菜-甘薯	0.531
		Ⅸ2	盆东丘陵低山水田旱地二熟三熟区	031431A	小麦-玉米	0.364
				031431B	小麦-甘薯	0.506
				031431C	油菜-玉米	0.359
				031431D	油菜-甘薯	0.468
Ⅹ	长江中下游平原丘陵水田三熟二熟区	Ⅹ1	沿江平原丘陵水田旱三熟二熟区	031432A	小麦-甘薯	0.469
				031432B	小麦-玉米	0.323
				031432C	小麦-棉花	0.451
				031432D	油菜-甘薯	0.459
		Ⅹ2	两湖平原丘陵水田中三熟二熟区	031433A	小麦-甘薯	0.431
				031433B	小麦-玉米	0.304
				031433C	小麦-棉花	0.447
				031433D	油菜-甘薯	0.453

续表

一级区	一级区名	二级区	二级区名	代码	名　称	因子值
XI	东南丘陵山地水田旱地二熟三熟区	XI 1	浙闽丘陵山地水田旱地三熟二熟区	031434A	甘薯-小麦	0.471
				031434B	甘薯-马铃薯	0.521
				031434C	玉米-小麦	0.335
				031434D	玉米-马铃薯	0.416
		XI 2	南岭丘陵山地水田旱地二熟三熟区	031435A	春花生-秋甘薯	0.503
				031435B	春玉米-秋甘薯	0.419
		XI 3	滇南山地旱地水田二熟兼三熟区	031436A	低山玉米‖大豆一年一熟	0.417
XII	华南丘陵沿海平原晚三熟热三熟区	XII 1	华南低丘平原晚三熟区	031437A	花生（大豆）-甘薯	0.502
				031437B	玉米-油菜	0.291
				031437C	玉米/黄豆	0.417
				031437D	玉米-甘薯	0.456
		XII 2	华南沿海西双版纳台南二熟三熟与热作区	031438A	玉米-甘薯	0.456

* 表中名称栏，符号"-"表示年内作物的轮作顺序，符号"→"表示年际或多年的轮作顺序，符号"‖"表示间作，符号"/"表示套种。

二、风力侵蚀因子

（一）表土湿度因子

我国北方风力侵蚀区 2010 年 1—5 月和 10—12 月平均表土湿度因子值介于 0～0.15。从表土湿度因子值的空间分布来看，东北三省的松嫩平原和辽河平原的河网密集地带、新疆的天山山脉及其支脉、内蒙古和山西的河套平原-阴山山脉-燕山山脉一带、甘肃和青海的祁连山山脉与阿尼玛卿山一带为高值区，一般达到 0.10 以上；新疆的塔里木盆地-甘肃的河西走廊一带、青海的柴达木盆地、内蒙古的阿拉善高原-鄂尔多斯高原地区为低值区，基本都在 0.05 以下（附图 D5）。产生上述空间分异的主要原因是松嫩平原和辽河平原冬季降雪较多，春季融雪和灌溉等使得土壤水分含量大大提高，天山等山区降水明显高于山间盆地和平原地区，表土湿度因子值也随之显著增大，塔里木盆地等表土湿度因子低值区，基本都属于山间盆地或者高原凹陷盆地，降水稀少，并发育了面积广大的沙地（漠）。

（二）风力因子

根据野外观测结果，风力侵蚀区的最小临界侵蚀风速（起沙风速）约

5m/s，因此，将不小于 5m/s 的风速定义为大于临界侵蚀风速。我国北方风力侵蚀区 1991—2010 年 1—5 月和 10—12 月共 8 个月中不小于 5m/s 风速平均累计时间值介于 0～175.8h。从其空间分布来看，在乌鲁木齐-哈密-阿拉善-二连浩特—锡林郭勒一带为高风值区，最大风值出现在阿拉善地区；在新疆的额尔齐斯河谷和博尔塔拉地区、内蒙古的通辽至乌兰浩特一带，面积相对较小，是风值较高区域；在新疆的塔里木盆地及其周边，是风值最小的区域（附图D6）。对照风力侵蚀强度图可以发现，新疆东部-甘肃北部-内蒙古阿拉善地区一带为风力侵蚀最强烈的区域，其空间分布与高风值区相吻合。但是新疆塔里木盆地东部罗布泊-甘肃敦煌和嘉峪关一带风力侵蚀强烈的区域，与高风值区并不相吻合。风力侵蚀强烈区与高风值区不吻合的主要原因有两个：一是这一区域为表土湿度因子值的低值区，被称为亚洲的旱极；二是这一区域的中低风速持续时间相对较短，因此出现不小于 5m/s 年均风速累计时间较短，但风力侵蚀强度很大的现象。

（三）地表粗糙度因子

我国北方风力侵蚀区 2010 年 1—5 月和 10—12 月期间的地表粗糙度因子值介于 0～7.39cm。从地表粗糙度因子值的空间分布来看，高值区相对集中的区域在内蒙古东部和河北北部的大兴安岭南段-燕山山脉一带，其次在新疆的天山山脉及其支脉和阿尔泰山脉区域，一般都在 6.0cm 以上。而新疆的罗布泊及其周边地区、内蒙古的阿拉善地区和二连浩特地区是地表粗糙度因子的低值区，一般在 1.0cm 以下。地表粗糙度因子值的这种空间分异，主要是由植被类型和覆盖度差异引起的。高值区基本都分布在地形复杂、林草较茂盛的山地，而地形平坦、植被稀疏低矮的干旱地区，地表粗糙度因子值普遍很小（附图D7）。

（四）植被覆盖度

风力侵蚀区自东向西横跨暖温带北部落叶栎林地带、温带南部森林（草甸）草原地带、温带半灌木荒漠地带、温带灌木荒漠地带等多个地带性植被区，植被类型复杂多样，植被覆盖度变化极大，其高值区和低值区的空间分布与地表粗糙度值的分布基本一致。高值区相对集中的区域在内蒙古东部和河北北部的大兴安岭南段-燕山山脉一带，其次在新疆的天山山脉及其支脉和阿尔泰山脉区域，一般都在 60% 以上。而新疆的罗布泊及其周边地区、内蒙古的阿拉善地区和二连浩特地区是地表粗糙度因子的低值区，一般在 20% 以下。由于植被覆盖度和植被类型是地表粗糙度因子值的决定性因素，因此两者的空间分布高度吻合。植被覆盖度高值区与地表粗糙度因子的高值区一致，植被覆盖度低值区与地表粗糙度因子的低值区一致。

三、冻融侵蚀因子

(一) 年冻融日循环天数

我国冻融侵蚀区的年冻融日循环天数在 0～320d 之间变化，区域间的变化见附图 D8。年冻融日循环天数 1 个月是出现冻融侵蚀现象的一个标志，而年冻融日循环天数大于 8 个月是强烈冻融侵蚀的一个标志。

我国冻融侵蚀区可以划分为青藏高原区、西北高山区和东北高纬度地区。青藏高原区包括四川、云南、西藏、青海、甘肃等省（自治区）和新疆维吾尔自治区南部喀喇昆仑山地区的冻融侵蚀区；西北高山区包括新疆维吾尔自治区的天山、博格达山、阿尔泰山的冻融侵蚀区；东北高纬度地区包括内蒙古自治区和黑龙江省的冻融侵蚀区。3 个冻融侵蚀区年冻融日循环天数的基本特征表现为青藏高原年冻融日循环天数最高，大兴安岭地区年冻融日循环天数最低。在青藏高原的三个典型区中，年冻融日循环天数从大到小的顺序依次为横断山区、祁连山区、昆仑山区。青藏高原是我国冻融作用最强烈的地区，其中以横断山区最剧烈（表 3-1-6）。

表 3-1-6　　我国三大冻融侵蚀区年冻融日循环天数基本特征

冻融侵蚀区		平均值/d	最大值/d	最小值/d	方差	变异系数
青藏高原	横断山区	176	269	115	23	0.13
	昆仑山区	148	208	7	40	0.27
	祁连山区	166	281	29	27	0.16
	全区	176	320	7	38	0.22
天山-阿尔泰山		121	195	21	36	0.30
大兴安岭		48	56	30	4	0.08
整个冻融侵蚀区		163	320	0	51	0.31

(二) 日均冻融相变水量

冻融侵蚀区土壤含水量一般在 20% 以下，日均冻融相变水量一般小于10%。以日均冻融相变水量小于 0.5% 作为界定冻融侵蚀区的一个标志。由表 3-1-7 可知，冻融侵蚀区日均冻融相变水量的平均值为 7%，最大值为30%。区域间的变化趋势见附图 D9，日均冻融相变水量的最高值出现在青藏高原西北部，即喀喇昆仑山的西段地区；天山-阿尔泰山地区日均冻融相变水量平均值最高；青藏高原区域日均冻融相变水量平均值最低，但区域内相差不大。

表 3-1-7   我国三大冻融侵蚀区日均冻融相变水量基本特征

冻融侵蚀区		平均值/%	最大值/%	最小值/%	方差	变异系数
青藏高原	横断山区	9	15	2	0.02	0.25
	昆仑山区	8	30	1	0.04	0.53
	祁连山区	6	10	2	0.01	0.20
	全区	7	30	1	0.03	0.41
天山-阿尔泰山		10	17	3	0.03	0.29
大兴安岭		9	14	7	0.01	0.12
整个冻融侵蚀区		7	30	0	0.03	0.40

（三）年均降水量

从我国冻融侵蚀区多年平均降水量等值线图（附图 D10）可知：冻融侵蚀区几乎全部分布在 800mm 降水量等值线的西北一侧。降水量不大于 100mm 的区域除新疆、甘肃南部的昆仑山北侧和祁连山北侧外，其余地区不属于冻融侵蚀区。从年均降水量空间分布上看，青藏高原西部、北部和西北部是冻融侵蚀区中年均降水量最低的地区，一般低于 200mm；而青藏高原东南部绝大多数地区年均降水量大于 400mm，少数地区超过 800mm。青藏高原冻融侵蚀区、天山-阿尔泰山冻融侵蚀区和大兴安岭冻融侵蚀区年均降水量从大到小的顺序依次为：大兴安岭、青藏高原、天山-阿尔泰山（表 3-1-8），大兴安岭地区的年降水量平均值分别是青藏高原和天山-阿尔泰山地区平均值的 1.57 倍和 1.94 倍，大兴安岭冻融侵蚀区的年降水量值要远远大于天山-阿尔泰山地区和青藏高原地区。从年降水量的空间变异特性来看，大兴安岭地区最小，仅为 0.06；青藏高原地区最高，为 0.61；天山-阿尔泰山地区变异系数居于两者之间为 0.29。变异系数的这种特征说明，青藏高原区内部降水量空间差异最大，实际上，青藏高原最大年降水量高达 1343.0mm，而最低年降水量仅为 31.4mm，变幅高达 1311.6mm，相对变幅达 42.77 倍。

表 3-1-8   我国三大冻融侵蚀区年均降水量基本特征

冻融侵蚀区		年均降水量/mm	最大降水量/mm	最小降水量/mm	方差	变异系数
青藏高原	横断山区	567.4	1340.8	338.3	101.9	0.18
	昆仑山区	111.3	417.1	37.0	47.4	0.43
	祁连山区	208.2	406.4	31.4	104.9	0.50
	全区	295.5	1343.0	31.4	181.3	0.61
天山-阿尔泰山		239.5	522.5	73.5	68.4	0.29
大兴安岭		464.4	574.5	392.1	26.5	0.06
整个冻融侵蚀区		305.5	1343.0	31.4	176.6	0.58

（四）坡度与坡向

我国冻融侵蚀区地形急变的区域主要分布于川西、滇西北、藏东南的横断山区以及南疆的喀喇昆仑山北麓和天山山脉，这些区域坡度普遍大于 25°，地形上有利于冻融侵蚀发育，意味着这些区域是冻融侵蚀强烈区域。广袤的羌塘高原至三江源地区地势平缓，坡度普遍小于 8°，地形上不利于冻融侵蚀发育。

（五）植被覆盖度

一般认为，5％的植被覆盖度是界定植被区域和裸地（岩）的标志，植被覆盖度大于 80％的区域土壤侵蚀已非常微弱。在我国三大冻融侵蚀区中，大兴安岭区植被覆盖最好，基本在 85％以上，冻融侵蚀微弱。青藏高原、西北高山区冻融侵蚀区的植被都比较差，尤其以青藏高原西部、西北部植被覆盖度普遍小于 20％，有利于冻融侵蚀发育。

第二节　土壤侵蚀总体情况

一、全国土壤侵蚀面积与强度

从全国土壤侵蚀分布可知，全国水力侵蚀、风力侵蚀和冻融侵蚀的分布具有明显的地域性和集中性特征，较高强度等级的侵蚀更为集中（附图 D11）。

全国各省（自治区、直辖市）都存在不同面积、不同强度的土壤侵蚀。其中水力侵蚀主要分布在四川、云南、内蒙古、新疆、甘肃、黑龙江、陕西、山西、西藏、贵州和广西等 11 个省（自治区），风力侵蚀主要分布在河北、山西、内蒙古、辽宁、吉林、黑龙江、四川、西藏、陕西、甘肃、青海、宁夏和新疆等 13 个省（自治区），冻融侵蚀主要分布在内蒙古、黑龙江、四川、云南、西藏、甘肃、青海和新疆等 8 个省（自治区）。全国各省（自治区、直辖市）的土壤侵蚀面积见表 3-2-1。

表 3-2-1　　**全国各省（自治区、直辖市）土壤侵蚀面积表**　　单位：km²

省 （自治区、直辖市）	水力侵蚀面积 （1）	风力侵蚀面积 （2）	土壤侵蚀总面积 （1）＋（2）	冻融侵蚀面积
合计	1293246	1655916	2949162	660956
北京	3202	0	3202	0
天津	236	0	236	0
河北	42135	4961	47096	0
山西	70283	63	70346	0

续表

省 （自治区、直辖市）	水力侵蚀面积 （1）	风力侵蚀面积 （2）	土壤侵蚀总面积 （1）＋（2）	冻融侵蚀面积
内蒙古	102398	526624	629022	14469
辽宁	43988	1947	45935	0
吉林	34744	13529	48273	0
黑龙江	73251	8687	81938	14101
上海	4	0	4	0
江苏	3177	0	3177	0
浙江	9907	0	9907	0
安徽	13899	0	13899	0
福建	12181	0	12181	0
江西	26497	0	26497	0
山东	27253	0	27253	0
河南	23464	0	23464	0
湖北	36903	0	36903	0
湖南	32288	0	32288	0
广东	21305	0	21305	0
广西	50537	0	50537	0
海南	2116	0	2116	0
重庆	31363	0	31363	0
四川	114420	6622	121042	48367
贵州	55269	0	55269	0
云南	109588	0	109588	1306
西藏	61602	37130	98732	323230
陕西	70807	1879	72686	0
甘肃	76112	125075	201187	10163
青海	42805	125878	168683	155768
宁夏	13891	5728	19619	0
新疆	87621	797793	885414	93552

按照第一次、第二次全国土壤侵蚀普查公告及《第一次全国水利普查公报》《第一次全国水利普查水土保持情况普查公报》，全国土壤侵蚀总面积（只包括水力侵蚀和风力侵蚀，下同）294.91 万 km^2，占普查范围❶总面积的31.12%。其中，水力侵蚀面积 129.32 万 km^2、风力侵蚀面积 165.59 万 km^2，分别占土壤侵蚀总面积的 43.85% 和 56.15%。按侵蚀强度分级，轻度、中度、强烈、极强烈和剧烈侵蚀的面积分别为 138.36 万 km^2、56.88 万 km^2、38.69 万 km^2、29.67 万 km^2 和 31.31 万 km^2。各强度等级土壤侵蚀面积比例见图 3-2-1。

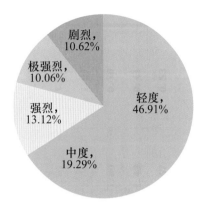

图 3-2-1　全国土壤侵蚀
强度分级面积比例

全国冻融侵蚀总面积 66.10 万 km^2，占普查范围总面积的 6.98%，其中轻度、中度、强烈、极强烈和剧烈侵蚀的面积分别为 34.19 万 km^2、18.83 万 km^2、12.42 万 km^2、0.65 万 km^2、0.01 万 km^2，轻度、中度、强烈所占比例分别为 51.72%、28.49%、18.79%，极强烈和剧烈侵蚀所占比例之和仅占 1.00%。

二、土壤侵蚀在各省（自治区、直辖市）分布

从省级行政区域看，土壤侵蚀总面积排在前十位的省份为新疆、内蒙古、甘肃、青海、四川、云南、西藏、黑龙江、陕西和山西等省（自治区），分别为 88.54 万 km^2、62.90 万 km^2、20.12 万 km^2、16.87 万 km^2、12.10 万 km^2、10.96 万 km^2、9.87 万 km^2、8.19 万 km^2、7.27 万 km^2、7.03 万 km^2，而面积较小的省份为上海、天津、海南、江苏、北京、浙江、福建、安徽、宁夏和广东等 10 个省（自治区、直辖市）。土壤侵蚀总面积排序见图 3-2-2。

按土壤侵蚀各级强度面积看，轻度侵蚀面积位居前两位的省份为新疆和内蒙古，面积分别为 42.89 万 km^2、30.12 万 km^2；青海、甘肃、陕西、四川、云南、西藏和黑龙江等 7 个省（自治区）的轻度侵蚀面积介于 4.05 万 ~ 7.85 万 km^2；宁夏、广东、浙江、安徽、福建、江苏、北京、海南、天津、上海等 10 个省（自治区、直辖市）的轻度侵蚀面积小于 1 万 km^2。中度侵蚀面积位居第一位的省份为新疆，面积为 14.40 万 km^2；内蒙古、甘肃、四川、云南、

---

❶　在说明普查对象占总体幅员的时候，使用"普查范围"而不是"我国国土面积"是强调说明普查对象总体分布、总体数量的图表和图件主要反映本次普查范围内的对象情况，而不是反映我国全部幅员范围的对象情况。

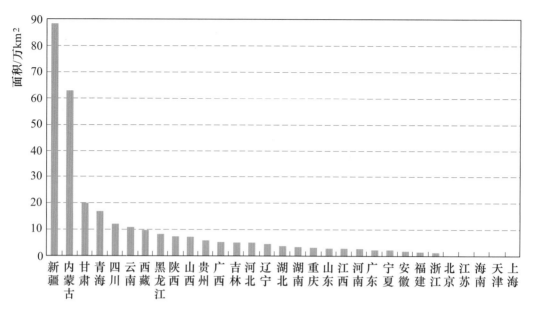

图 3-2-2 全国各省（自治区、直辖市）土壤侵蚀总面积排序

青海、西藏、山西、黑龙江等 8 个省（自治区）中度侵蚀面积介于 2.15 万～6.68 万 km²；贵州、河北、广西、吉林、辽宁、湖北等 6 个省（自治区）中度侵蚀面积介于 1.03 万～1.64 万 km²；其余各省（自治区、直辖市）中度侵蚀面积均小于 1 万 km²。强烈及其以上侵蚀面积位居前三位的省份为新疆、内蒙古、甘肃，面积分别为 31.25 万 km²、26.11 万 km²、10.92 万 km²；青海、四川、云南、西藏、陕西、黑龙江、山西、广西、贵州、重庆、吉林、辽宁等 12 个省（自治区、直辖市）强烈及其以上侵蚀面积介于 1 万～6 万 km²；其余各省（自治区、直辖市）均小于 1 万 km²。各级强度的侵蚀面积及比例见表 3-2-2。

表 3-2-2 全国各省（自治区、直辖市）土壤侵蚀各级强度面积与比例

省（自治区、直辖市）	水力与风力侵蚀面积/km²	各级强度面积与比例									
		轻 度		中 度		强 烈		极强烈		剧 烈	
		面积/km²	比例/%	面积/km²	比例/%	面积/km²	比例/%	面积/km²	比例/%	面积/km²	比例/%
合计	2949162	1383613	46.91	568870	19.29	386846	13.12	296654	10.06	313179	10.62
北京	3202	1746	54.52	1031	32.20	341	10.65	70	2.19	14	0.44
天津	236	108	45.72	60	25.42	59	25.00	6	2.54	3	1.27
河北	47096	25895	54.98	14397	30.57	4718	10.02	1464	3.11	622	1.32
山西	70346	26768	38.06	24174	34.36	14069	20.00	4277	6.08	1058	1.50
内蒙古	629022	301154	47.88	66763	10.61	72208	11.48	85154	13.54	103743	16.49

省（自治区、直辖市）	水力与风力侵蚀面积/km²	各级强度面积与比例									
		轻　度		中　度		强　烈		极强烈		剧　烈	
		面积/km²	比例/%	面积/km²	比例/%	面积/km²	比例/%	面积/km²	比例/%	面积/km²	比例/%
辽宁	45935	23769	51.74	12122	26.39	6457	14.06	2794	6.08	793	1.73
吉林	48273	25759	53.36	12186	25.24	6250	12.95	2794	5.79	1284	2.66
黑龙江	81938	40455	49.37	21515	26.26	12871	15.71	5466	6.67	1631	1.99
上海	4	2	50.00	2	50.00	0	0.00	0	0.00	0	0.00
江苏	3177	2068	65.09	595	18.73	367	11.55	133	4.19	14	0.44
浙江	9907	6929	69.95	2060	20.79	582	5.87	177	1.79	159	1.60
安徽	13899	6925	49.82	4207	30.27	1953	14.05	660	4.75	154	1.11
福建	12181	6655	54.64	3215	26.39	1615	13.26	428	3.51	268	2.20
江西	26497	14896	56.22	7558	28.52	3158	11.92	776	2.93	109	0.41
山东	27253	14926	54.76	6634	24.34	3542	13.00	1727	6.34	424	1.56
河南	23464	10180	43.38	7444	31.73	4028	17.17	1444	6.15	368	1.57
湖北	36903	20732	56.17	10272	27.84	3637	9.86	1573	4.26	689	1.87
湖南	32288	19615	60.75	8687	26.90	2515	7.79	1019	3.16	452	1.40
广东	21305	8886	41.71	6925	32.50	3535	16.59	1629	7.65	330	1.55
广西	50537	22633	44.78	14395	28.48	7371	14.59	4804	9.51	1334	2.64
海南	2116	1171	55.34	666	31.47	190	8.98	45	2.13	44	2.08
重庆	31363	10644	33.94	9520	30.35	5189	16.54	4356	13.89	1654	5.28
四川	121042	54982	45.42	35963	29.71	15579	12.87	9753	8.06	4765	3.94
贵州	55269	27700	50.12	16356	29.59	6012	10.88	2960	5.36	2241	4.05
云南	109588	44876	40.95	34764	31.72	15860	14.47	8963	8.18	5125	4.68
西藏	98732	43175	43.73	29190	29.56	22981	23.28	2084	2.11	1302	1.32
陕西	72686	48955	67.36	2278	3.13	15361	21.13	4877	6.71	1215	1.67
甘肃	201187	55235	27.45	36735	18.26	24191	12.02	39265	19.52	45761	22.75
青海	168683	78476	46.52	30510	18.09	30595	18.14	22129	13.12	6973	4.13
宁夏	19619	9378	47.80	4686	23.89	2547	12.98	2620	13.35	388	1.98
新疆	885414	428920	48.44	143960	16.26	99065	11.19	83207	9.40	130262	14.71

从侵蚀面积占辖区面积比例看，超过 40％的省份有 5 个省（自治区、直辖市），分别为新疆、内蒙古、重庆、甘肃和山西，低于 10％的省份有安徽、福建、浙江、西藏、海南、江苏、天津和上海等 8 个省（自治区、直辖市）。全国各省（自治区、直辖市）侵蚀面积占辖区面积比例见图 3-2-3。

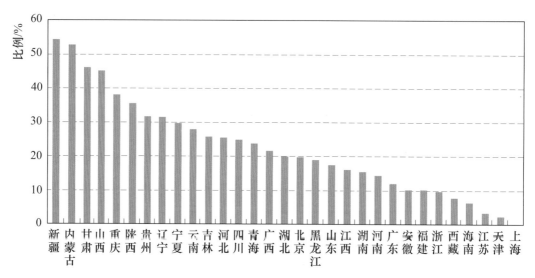

图 3-2-3　全国各省（自治区、直辖市）侵蚀面积占其辖区面积比例排序

第三节　水力侵蚀情况

按全国、省级行政区、全国水土保持规划一级区以及粮食主产区和主要经济区等不同区划，分别介绍水力侵蚀各级强度面积、比例以及其占辖区土地面积比例等。

一、侵蚀面积与强度

全国水力侵蚀总面积 129.32 万 km²，占普查范围总面积的 13.65％。其中轻度、中度、强烈、极强烈和剧烈侵蚀的面积分别为 66.76 万 km²、35.14 万 km²、16.87 万 km²、7.63 万 km² 和 2.92 万 km²，所占比例见图 3-3-1。在水力侵蚀强度等级构成中，轻度侵蚀面积最大，中度侵蚀面积次之，两项总和达 78.80％，中度以上面积占 21.20％。总体上看，我国水力侵蚀面积大，但强度不高，主要以轻度、中度侵蚀为主。

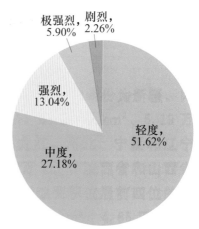

图 3-3-1　全国水力侵蚀强度
分级面积比例

二、侵蚀的区域分异

(一)省级行政区分布状况

全国各省份都存在不同程度的水力侵蚀。侵蚀面积排在前三位的分别是四川、云南和内蒙古 3 个省（自治区），均超过 10 万 km^2，分别为 11.44 万 km^2、10.96 万 km^2 和 10.24 万 km^2，合计占全国水力侵蚀面积的 25.24％。新疆、甘肃、黑龙江、陕西、山西、西藏、贵州和广西等 8 个省（自治区），侵蚀面积变化于 5.05 万～8.76 万 km^2，合计占全国水力侵蚀面积的 42.18％。辽宁、青海、河北、湖北、吉林、湖南、重庆、山东、江西、河南和广东等 9 个省（直辖市），侵蚀面积变化于 2.13 万～4.40 万 km^2，合计占全国水力侵蚀面积的 28.05％。安徽、宁夏、福建、浙江、北京、江苏、海南、天津和上海等 11 个省（自治区、直辖市），侵蚀面积均小于 2 万 km^2，合计占全国水力侵蚀面积的 4.53％。各省（自治区、直辖市）水力侵蚀面积及其排序详见图 3-3-2。

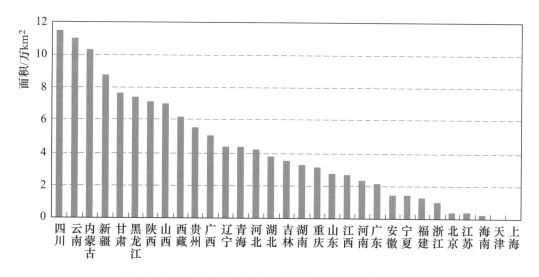

图 3-3-2　各省（自治区、直辖市）水力侵蚀面积排序

按水力侵蚀各级强度面积看，轻度侵蚀面积位居前五位省份的分别是内蒙古、新疆、四川、陕西和云南，面积均大于 4 万 km^2；黑龙江、甘肃、西藏、贵州、山西、青海、广西、河北、辽宁、湖北、湖南、吉林、山东、江西、重庆和河南等 16 个省（自治区、直辖市）轻度侵蚀面积变化于 1.02 万～3.62 万 km^2；其余 10 个省（自治区、直辖市）轻度侵蚀面积均小于 1 万 km^2。中度侵蚀面积排在前几位的分别是四川、云南、甘肃、山西、西藏和内蒙古等 6 个省（自治区），面积均大于 2 万 km^2；陕西、浙江、北京、海南、江苏、天

津和上海等7个省（直辖市）的中度侵蚀面积小于0.30万km²，其余各省（自治区、直辖市）中度侵蚀面积变化于0.32万～1.88万km²。强烈侵蚀面积排在前几位的是云南、四川、陕西、山西、甘肃、黑龙江和内蒙古等7个省（自治区），均大于1万km²，其余各省（自治区、直辖市）强烈侵蚀面积均变化于0～0.74万km²。极强烈侵蚀面积排在前几位的是四川、云南、黑龙江和甘肃等4个省，均大于0.50万km²，江西、安徽、宁夏、福建、浙江、江苏、北京、海南、天津和上海等10个省（自治区、直辖市）的强烈侵蚀面积均小于0.10万km²，其余各省（自治区、直辖市）强烈侵蚀面积变化于0.10万～0.48万km²。剧烈侵蚀面积排在前几位的是云南、四川、贵州和甘肃等4个省，均大于0.2万km²，新疆、海南、江苏、北京、天津和上海等6个省（自治区、直辖市）的剧烈侵蚀面积最小，均小于0.01万km²，其余各省（自治区、直辖市）剧烈侵蚀面积变化于0.01万～0.17万km²。

从水力侵蚀面积占辖区面积比例看（表3-3-1），超过25%的有7个省（自治区、直辖市），包括山西、重庆、陕西、贵州、辽宁、云南和宁夏等，主要集中在西北黄土高原区和西南地区。低于全国平均水平13.65%的有12个省（自治区、直辖市），包括广东、安徽、福建、浙江、内蒙古、海南、青海、新疆、西藏、江苏、天津和上海，主要集中在东南沿海区、西北干旱区和青藏高寒区。全国各省（自治区、直辖市）水力侵蚀面积占辖区面积比例排序见图3-3-3。

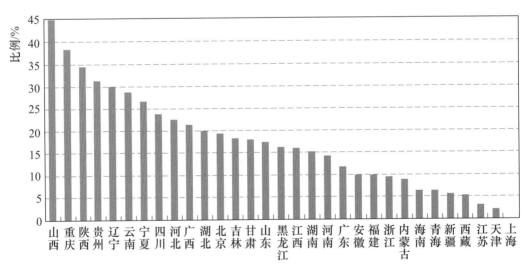

图3-3-3 各省（自治区、直辖市）水力侵蚀面积占其辖区面积比例排序

按水力侵蚀各级强度面积占辖区面积比例看（表3-3-1），轻度侵蚀面积比例排在前几位的分别是：陕西、山西和贵州等3个省，比例均大于15%；

其次是辽宁、宁夏、重庆、河北、云南、湖北和北京等 7 个省（自治区、直辖市），比例变化于 10.64％～14.84％；其余比例均小于 10％。中度侵蚀面积比例排在前几位的是山西、重庆、贵州、云南、宁夏、辽宁、四川、河北、北京和广西等 10 个省（自治区、直辖市），均大于 6％；其余各省（自治区、直辖市）比例变化于 0.02％～5.98％。强烈侵蚀面积比例排在前几位的是山西、陕西和重庆等 3 个省（直辖市），均大于 5％；内蒙古、浙江、海南、青海、天津、西藏、江苏、新疆和上海等 9 个省（自治区、直辖市）比例均小于 1％；其余各省（自治区、直辖市）比例变化于 1.19％～4.36％。极强烈侵蚀面积比例排在前几位的是重庆、山西、云南、陕西、广西和四川等 6 个省（自治区、直辖市），均大于 2％；其余各省（自治区、直辖市）比例变化于 0～1.87％。剧烈侵蚀面积比例排在前几位的是重庆、云南和贵州等 3 个省（直辖市），均大于 1％；其余各省（自治区、直辖市）比例变化于 0～0.98％。

表 3 - 3 - 1　　各省（自治区、直辖市）水力侵蚀各级强度面积
占辖区面积比例　　　　　　　　　％

省 （自治区、直辖市）	水力侵蚀 面积比例	各级强度的水力侵蚀面积比例				
		轻　度	中　度	强　烈	极强烈	剧　烈
合计	13.74	7.10	3.73	1.79	0.81	0.31
北京	19.52	10.64	6.28	2.08	0.43	0.09
天津	2.20	1.01	0.56	0.55	0.06	0.03
河北	22.35	11.88	6.94	2.42	0.78	0.33
山西	44.85	17.03	15.43	8.98	2.73	0.68
内蒙古	8.94	5.98	1.77	0.88	0.26	0.05
辽宁	29.71	14.84	8.11	4.36	1.87	0.53
吉林	18.17	9.05	4.73	2.27	1.45	0.67
黑龙江	16.19	7.99	4.05	2.58	1.21	0.36
上海	0.05	0.03	0.02	0.00	0.00	0.00
江苏	3.02	1.96	0.57	0.35	0.13	0.01
浙江	9.39	6.57	1.95	0.55	0.17	0.15
安徽	9.92	4.95	3.00	1.39	0.47	0.11
福建	9.82	5.37	2.59	1.30	0.34	0.22
江西	15.87	8.92	4.53	1.89	0.46	0.07

省 （自治区、直辖市）	水力侵蚀 面积比例	各级强度的水力侵蚀面积比例				
		轻 度	中 度	强 烈	极强烈	剧 烈
山东	17.26	9.46	4.20	2.24	1.09	0.27
河南	14.16	6.15	4.49	2.43	0.87	0.22
湖北	19.85	11.15	5.52	1.96	0.85	0.37
湖南	15.24	9.26	4.10	1.19	0.48	0.21
广东	11.86	4.94	3.86	1.97	0.91	0.18
广西	21.27	9.53	6.06	3.10	2.02	0.56
海南	6.15	3.40	1.94	0.55	0.13	0.13
重庆	38.07	12.91	11.56	6.30	5.29	2.01
四川	23.54	9.97	7.38	3.20	2.01	0.98
贵州	31.38	15.73	9.29	3.41	1.68	1.27
云南	28.60	11.71	9.07	4.14	2.34	1.34
西藏	5.12	2.38	1.97	0.49	0.17	0.11
陕西	34.43	23.45	1.03	7.14	2.22	0.59
甘肃	17.87	7.10	5.98	3.02	1.27	0.50
青海	6.14	3.81	1.44	0.55	0.31	0.03
宁夏	26.74	13.12	8.24	3.98	1.01	0.39
新疆	5.58	4.13	1.20	0.16	0.08	0.01

从地形看，水力侵蚀主要发生在二级阶梯上；从气候看，主要集中在半湿润和半干旱地区，即湿润向干旱、温暖向高寒气候的过渡区。根据水力侵蚀面积比例，可以将全国水力侵蚀分为4个区域。一是侵蚀最为严重的黄土高原地区，其中山西省水力侵蚀面积占其行政区面积的44.85%，居全国第一；陕西省水力侵蚀面积比例达到34.43%，居全国第三，其中陕北的榆林和延安地区水力侵蚀面积占其行政区面积的40%以上；甘肃省黄土高原主体区（庆阳、天水和平凉等地区）水力侵蚀面积占其行政区面积的37.1%；宁夏回族自治区黄土高原主体区（西吉、海原、原州、彭阳和同心等地区）水力侵蚀面积占其行政区面积的36.4%。二是侵蚀比较严重的西南紫色土区和东北黑土区。重庆、贵州、云南、四川和广西等5个省（自治区、直辖市）水力侵蚀面积比例分别为38.07%、31.38%、28.60%、23.54%和21.27%，辽宁和吉林两个

省水力侵蚀面积分别占其行政区面积的 29.71％和 18.17％，黑龙江省漫岗区（不含大小兴安岭和三江平原区）的哈尔滨市、绥化市、齐齐哈尔市和黑河市的部分县（市）水力侵蚀面积占其行政区面积的 27.2％。三是侵蚀居中的北方土石山区和南方红壤区的长江中下游地区，如河北、北京、山东、河南、湖北、湖南和江西等省（直辖市），水力侵蚀面积占其行政区面积比例在 14.2％～22.4％之间。四是侵蚀较轻的东南沿海地区、西北干旱地区和青藏高寒地区，包括广东、安徽、浙江、福建、海南、青海、西藏、新疆和江苏等省（自治区），水力侵蚀面积占其行政区面积比例介于 3.0％～11.9％。

（二）水土保持区划一级区分布状况

在全国水土保持区划 8 个一级区中，水力侵蚀面积最大的是西南岩溶区，面积达 20.44 万 km²，占全国水力侵蚀总面积的 15.8％；其次是西北黄土高原区，面积达 18.64 万 km²，占全国水力侵蚀总面积的 14.41％；北方土石山区、东北黑土区、西南紫色土区和南方红壤区的水力侵蚀面积接近，变化于 16.02 万～16.62 万 km²，均占全国水力侵蚀面积的 12％左右；青藏高原区和北方风沙区水力侵蚀面积最小，分别为 13.44 万 km² 和 11.5 万 km²，占全国水力侵蚀总面积的比例为 10.39％和 8.89％，各一级区水力侵蚀面积排序见图 3-3-4。

从水力侵蚀各级强度面积比例来看，所有一级区水力侵蚀均以轻、中度侵蚀为主，按两者合计占水力侵蚀总面积比例由大到小排序为北方风沙区、青藏高原区、南方红壤区、北方土石山区、东北黑土区、西南岩溶区、西南紫色土区和西北黄土高原区，比例分别为 94.56％、85.62％、81.49％、79.71％、76.19％、74.38％、73.59％和 72.70％。强烈侵蚀比例超过 10％的有 6 个区，由大到小排序为：西北黄土高原区，东北黑土区、北方土石山区、西南紫色土区、

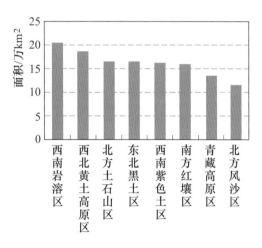

图 3-3-4 各一级区水力侵蚀面积排序

西南岩溶区和南方红壤区。极强烈和剧烈侵蚀合计超过 10％的有两个区，分别是西南紫色土区和西南岩溶区，分别为 12.77％和 12.10％；东北黑土区和西北黄土高原区接近，分别为 8.84％和 8.21％；北方土石山区、南方红壤区和青藏高原区接近，分别为 6.23％、6.13％和 6.08％；最小的北方风沙区只有 1.66％。具体见表 3-3-2。

表 3-3-2　全国水土保持区划各一级区水力侵蚀各级强度面积及比例

一级区名称	水力侵蚀总面积/km²	各级强度的水力侵蚀面积及比例									
		轻　度		中　度		强　烈		极强烈		剧　烈	
		面积/km²	比例/%	面积/km²	比例/%	面积/km²	比例/%	面积/km²	比例/%	面积/km²	比例/%
东北黑土区	164969	83053	50.35	42631	25.84	24703	14.97	10970	6.65	3612	2.19
北方风沙区	114951	85132	74.06	23561	20.50	4349	3.78	1591	1.38	318	0.28
北方土石山区	166183	83598	50.30	48868	29.41	23369	14.06	8077	4.86	2271	1.37
西北黄土高原区	186419	94897	50.90	40633	21.80	35588	19.09	12243	6.57	3058	1.64
南方红壤区	160204	84501	52.75	46044	28.74	19838	12.38	7728	4.82	2093	1.31
西南紫色土区	161750	73815	45.64	45215	27.95	22065	13.64	14390	8.9	6265	3.87
西南岩溶区	204353	89488	43.79	62514	30.59	27625	13.52	16064	7.86	8662	4.24
青藏高原区	134420	73113	54.39	41983	31.23	11150	8.29	5210	3.88	2964	2.21

　　按各一级区水力侵蚀面积占辖区面积比例看，5 个一级区水力侵蚀面积比例高于全国平均水平 13.74%，比例最高的是西北黄土高原区，其次是西南紫色土区，二者比例都高于 30%，分别为 33.52% 和 31.75%。西南岩溶区和北方土石山区比例分别为 29.3% 和 20.65%，东北黑土区比例为 15.2%。其余三个区比例均低于全国平均水平：南方红壤区比例为 12.91%，接近全国平均水平；青藏高原区和北方风沙区比例仅为 6.09% 和 4.84%，远低于全国平均水平。各一级区水力侵蚀面积占其辖区面积比例排序见图 3-3-5。

　　从水力侵蚀各级强度占各一级区面积比例看，轻、中度侵蚀合计比例超过 20% 的有西北黄土高原区、西南紫色土区和西南岩溶区，比例分别为 24.37%、23.37% 和 21.79%；北方土石山区、东北黑土区和南方红壤区分别为 16.47%、11.58% 和 10.52%；青藏高原区和北方风沙区分别为 5.21% 和

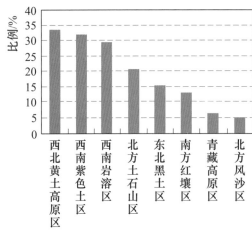

图 3-3-5　各一级区水力侵蚀面积占其辖区面积比例排序

4.57%。强烈及其以上侵蚀面积比例均小于 10%，比例最大的西北黄土高原区为 9.15%，其次是西南紫色土区和西南岩溶区，分别为 8.38% 和 7.50%；其他地区均小于 5%。具体见表 3-3-3。

表 3-3-3　　　　全国水土保持区划各一级区水力侵蚀各级强度
面积占其辖区面积比例　　　　　　　　　　　%

一级区	水力侵蚀面积比例	各级强度的水力侵蚀比例				
		轻 度	中 度	强 烈	极强烈	剧 烈
东北黑土区	15.20	7.65	3.93	2.28	1.01	0.33
北方风沙区	4.84	3.59	0.99	0.18	0.07	0.01
北方土石山区	20.65	10.40	6.07	2.90	1.00	0.28
西北黄土高原区	33.52	17.06	7.31	6.40	2.20	0.55
南方红壤区	12.91	6.81	3.71	1.60	0.62	0.17
西南紫色土区	31.75	14.49	8.88	4.33	2.82	1.23
西南岩溶区	29.30	12.84	8.96	3.96	2.30	1.24
青藏高原区	6.09	3.31	1.90	0.51	0.24	0.13

（三）重点区域分布状况

1. 粮食主产区土壤侵蚀强度分布

土地是粮食生产的基本保障，为了分析土壤侵蚀对土地资源的影响，统计了全国粮食主产区的土壤侵蚀强度分布。全国粮食主产区分布在东北平原、黄淮海平原、长江流域、汾渭平原、河套灌区、华南和甘肃新疆等 7 个主要区域（区域划分见附录 B），其水力侵蚀面积 43.93 万 km²，占全国水力侵蚀面积的 33.97%，其中轻度、中度、强烈、极强烈和剧烈侵蚀的面积分别为 22.86 万 hm²、11.87 万 hm²、5.74 万 hm²、2.60 万 hm² 和 0.86 万 km²，所占比例见图 3-3-6。在水力侵蚀强度等级构成中，轻度侵蚀面积占粮食主产区范围内水力侵蚀面积的 52.04%，略高于全国平均水平 51.62%；中度、强烈和极强烈侵蚀分别占 27.01%、13.07% 和 5.92%，与全国平均水平相当；剧烈侵蚀比例 1.96%，低于全国平均水平 2.26%。

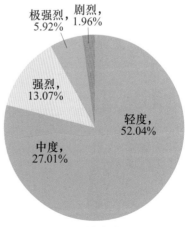

图 3-3-6　粮食主产区水力
侵蚀各级强度面积比例

按水力侵蚀面积看，最大的是东北平原区，达到 17.13 万 km²，占全国粮食主产区水力侵蚀总面积的 39.01%；其次是长江流域区，侵蚀面积 9.10 万 km²，占全国粮食主产区水力侵蚀总面积的 20.71%；其他 5 个区水力侵蚀面积变化于 1.64 万～5.29 万 km²，占全国水力侵蚀面积 3.73%～12.05%。在 17 个粮食主产带中，水力侵蚀面积最大的松嫩平原，达到 10.32 万 km²；其次是甘新地区、辽河中下游区、四川盆地区、汾渭谷地区、云贵藏高原区，这 5 个主产带的侵蚀面积变化于 2.95 万～5.29 万 km²；其他 11 个主产带的侵蚀面积均小于 2 万 km²，其中有 4 个主产带的侵蚀面积小于 1 万 km²。水力侵蚀面积及比例见表 3 - 3 - 4。

按各粮食主产区水力侵蚀面积占辖区面积比例看，7 个主要区域的水力侵蚀面积占总粮食主产区面积比例为 16.1%，高于全国平均水平的 13.74%，土壤侵蚀的影响不容忽视。侵蚀面积比例最高的是汾渭平原，高于 30%；其次是东北平原，比例为 20.39%；长江流域、华南粮食主产区和河套灌区比例接近，变化于 17.99%－19.63%，黄淮海平原和甘肃新疆比例接近，分别为 8.54% 和 8.32%，且明显低于全区平均水平。在 17 个粮食主产带中，水力侵蚀面积比例最大的为四川盆地区和汾渭谷地区，比例均高于 30%；浙闽区、甘新地区、黄海平原、黄淮平原和长江下游地区这 5 个带的比例最低，均小于 10%，其他 10 个主产带的比例均变化于 13.15%～23.38%。水力侵蚀面积占辖区面积比例见表 3 - 3 - 5。

2. 重要经济区土壤侵蚀强度分布

我国重要经济区包括环渤海地区、长三角地区、珠三角地区 3 个国家级优先开发区域和冀中南地区、太原城市群等 18 个国家层面重点开发区域（区域划分见附录 B）。21 个重要经济区水力侵蚀面积 56.12 万 km²，占全国水力侵蚀面积 43.4%，其中轻度、中度、强烈、极强烈和剧烈侵蚀的面积分别为 28.35 万 km²、15.21 万 km²、7.90 万 km²、3.44 万 km² 和 12.31 万 km²，所占比例见图 3 - 3 - 7。其中，在水力侵蚀强度等级构成中，轻度侵蚀面积占重要经济区范围内水力侵蚀面积的 50.51%，低于全国平均水平 51.62%；中度侵蚀比例 27.11%，与全国平均水平 27.18% 接近；强烈和极强烈侵蚀分别占 14.07% 和 6.12%，高于全国平均水平 13.04% 和 5.90%；剧烈侵蚀比例 2.19%，略低于全国平均水平 2.26%。

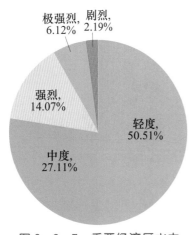

图 3 - 3 - 7　重要经济区水力侵蚀各级强度面积比例

表3-3-4 全国粮食主产区水力侵蚀各级强度面积及比例

粮食主产区	粮食主产带	水力侵蚀总面积/km²	各级强度的水力侵蚀面积及比例									
			轻度		中度		强烈		极强烈		剧烈	
			面积/km²	比例/%	面积/km²	比例/%	面积/km²	比例/%	面积/km²	比例/%	面积/km²	比例/%
总计		439269	228585	52.04	118652	27.01	57420	13.07	25956	5.91	8656	1.97
东北平原	小计	171337	86579	50.53	44383	25.90	25900	15.12	11232	6.56	3243	1.89
	三江平原	19542	8240	42.18	5416	27.71	3450	17.65	1746	8.93	690	3.53
	松嫩平原	103156	51501	49.92	26962	26.14	16141	15.65	6707	6.50	1845	1.79
	辽河中下游区	48639	26838	55.17	12004	24.68	6309	12.97	2780	5.72	708	1.46
黄淮海平原	小计	32264	17186	53.27	8850	27.43	4033	12.50	1705	5.28	490	1.52
	黄海平原	8142	4569	56.11	2339	28.73	784	9.63	329	4.04	121	1.49
	黄淮平原	12812	6462	50.43	3729	29.11	1805	14.09	644	5.03	172	1.34
	山东半岛区	11310	6155	54.42	2782	24.60	1443	12.76	733	6.48	197	1.74
长江流域	小计	90972	40843	44.90	28023	30.80	12100	13.30	6995	7.69	3011	3.31
	洞庭湖湖区	15788	9466	59.95	4275	27.08	1290	8.17	511	3.24	246	1.56
	江汉平原区	13458	7398	54.97	3879	28.82	1343	9.98	572	4.25	266	1.98
	鄱阳湖湖区	11810	6833	57.85	3276	27.74	1353	11.46	329	2.79	19	0.16
	长江下游地区	3092	1703	55.10	928	30.00	325	10.50	101	3.27	35	1.13
	四川盆地区	46824	15443	32.98	15665	33.46	7789	16.63	5482	11.71	2445	5.22
汾渭平原	汾渭谷地区	33918	16730	49.32	8106	23.90	6478	19.10	2119	6.25	485	1.43
河套灌区	宁蒙河段区	16400	11655	71.07	3054	18.62	1215	7.41	335	2.04	141	0.86
华南主产区	小计	41439	20492	49.45	12265	29.60	5182	12.51	2487	6.00	1013	2.44
	浙闽区	4169	2234	53.57	1076	25.82	667	16.01	139	3.33	53	1.27
	粤桂丘陵区	7777	3565	45.84	2202	28.31	1309	16.83	586	7.54	115	1.48
	云贵藏高原区	29493	14693	49.82	8987	30.47	3206	10.87	1762	5.97	845	2.87
甘肃新疆	甘新地区	52939	35100	66.30	13972	26.39	2513	4.75	1081	2.04	273	0.52

表3-3-5 全国粮食主产区水力侵蚀各级强度面积占其辖区面积比例

%

粮食主产区	粮食主产带	水力侵蚀面积比例	水力侵蚀各级强度面积比例					
			轻度	中度	强烈	极强烈	剧烈
总计	小计	16.10	8.37	4.35	2.11	0.95	0.32
东北平原	三江平原	20.39	10.30	5.28	3.08	1.34	0.39
	松嫩平原	14.46	6.10	4.01	2.55	1.29	0.51
	辽河中下游区	21.42	10.70	5.60	3.35	1.39	0.38
		21.74	11.99	5.37	2.82	1.24	0.32
黄淮海平原	小计	8.54	4.55	2.34	1.07	0.45	0.13
	黄海平原	7.27	4.08	2.09	0.70	0.29	0.11
	黄淮平原	5.94	2.99	1.73	0.84	0.30	0.08
	山东半岛区	22.63	12.31	5.57	2.89	1.47	0.39
长江流域	小计	19.63	8.81	6.05	2.61	1.51	0.65
	洞庭湖湖区	13.15	7.88	3.56	1.07	0.43	0.21
	江汉平原湖区	16.20	8.90	4.67	1.62	0.69	0.32
	鄱阳湖湖区	14.04	8.13	3.85	1.61	0.39	0.02
	长江下游地区	5.88	3.24	1.76	0.62	0.19	0.07
	四川盆地区	37.89	12.49	12.63	6.30	4.44	1.98
汾渭平原	汾渭谷地区	34.23	16.88	8.18	6.54	2.14	0.49
河套灌区	宁蒙河段区	17.99	12.78	3.35	1.33	0.37	0.16
华南主产区	小计	18.84	9.31	5.58	2.36	1.13	0.46
	浙闽区	8.48	4.54	2.19	1.36	0.28	0.11
	粤桂丘陵区	17.44	7.99	4.93	2.94	1.32	0.26
	云贵藏高原区	23.38	11.64	7.13	2.54	1.40	0.67
甘肃新疆	甘新地区	8.32	5.51	2.20	0.40	0.17	0.04

表3-3-6　全国重要经济区水力侵蚀各级强度面积及比例

重要经济区	重点区域	水力侵蚀面积/km²	水力侵蚀各级强度面积及比例									
			轻度		中度		强烈		极强烈		剧烈	
			面积/km²	比例/%	面积/km²	比例/%	面积/km²	比例/%	面积/km²	比例/%	面积/km²	比例/%
	总计	561218	283476	50.51	152116	27.11	78963	14.07	34358	6.12	12305	2.19
环渤海地区	小计	79630	40780	51.21	22668	28.47	10366	13.02	4389	5.51	1427	1.79
	京津冀地区	32600	17654	54.15	10085	30.94	3302	10.13	1064	3.26	495	1.52
	辽中南地区	32903	15399	46.81	9108	27.68	5243	15.93	2420	7.35	733	2.23
	山东半岛地区	14127	7727	54.69	3475	24.60	1821	12.89	905	6.41	199	1.41
	长江三角洲地区	5967	3946	66.14	1335	22.37	415	6.95	157	2.63	114	1.91
	珠江三角洲地区	5594	1896	33.89	1992	35.61	1116	19.95	486	8.69	104	1.86
	冀中南地区	12884	6533	50.71	4075	31.63	1660	12.88	474	3.68	142	1.10
	太原城市群	31360	12526	39.95	11071	35.30	5906	18.83	1422	4.53	435	1.39
	呼包鄂榆地区	42432	29737	70.08	3832	9.03	6082	14.33	2193	5.17	588	1.39
哈长地区	小计	52946	25978	49.06	13451	25.41	7879	14.88	4142	7.82	1496	2.83
	哈大齐工业走廊与绥地区	35200	16985	48.25	9082	25.80	5604	15.92	2664	7.57	865	2.46
	长吉图经济区	17746	8993	50.67	4369	24.62	2275	12.82	1478	8.33	631	3.56
	东陇海地区	2910	1595	54.81	669	22.99	429	14.74	180	6.19	37	1.27
	江淮地区	8891	4631	52.08	2792	31.40	1073	12.07	293	3.30	102	1.15
	海峡西岸经济区	29138	15762	54.09	7858	26.97	3892	13.36	1225	4.20	401	1.38

续表

重要经济区	重点区域	水力侵蚀面积/km²	水力侵蚀各级强度面积及比例									
			轻度		中度		强烈		极强烈		剧烈	
			面积/km²	比例/%	面积/km²	比例/%	面积/km²	比例/%	面积/km²	比例/%	面积/km²	比例/%
中原经济区		33645	14131	42.00	11038	32.81	5937	17.65	2054	6.10	485	1.44
长江中游地区	小计	42947	24929	58.05	12124	28.23	4335	10.09	1274	2.97	285	0.66
	武汉城市圈	11058	5816	52.60	3426	30.98	1364	12.33	426	3.85	26	0.24
	环长株潭城市群	13690	8629	63.02	3530	25.79	955	6.98	380	2.78	196	1.43
	鄱阳湖生态经济区	18199	10482	57.59	5169	28.40	2016	11.08	469	2.58	63	0.35
北部湾地区		12861	5429	42.20	4047	31.47	2001	15.56	1054	8.20	330	2.57
成渝地区	小计	76197	26592	34.90	25063	32.89	12220	16.04	8659	11.36	3663	4.81
	重庆经济区	19881	5953	29.94	6188	31.13	3595	18.08	3018	15.18	1127	5.67
	成都经济区	56316	20638	36.64	18875	33.52	8625	15.32	5642	10.02	2536	4.50
黔中地区		27161	12601	46.40	8381	30.86	3293	12.12	1587	5.84	1299	4.78
滇中地区		24385	11043	45.28	7705	31.60	3792	15.55	1460	5.99	385	1.58
藏中南地区		6840	3503	51.21	2401	35.10	506	7.40	186	2.72	244	3.57
关中-天水地区		22761	16075	70.62	1473	6.47	3746	16.46	1254	5.51	213	0.94
兰州-西宁地区		16829	6528	38.79	5460	32.44	2900	17.23	1450	8.62	491	2.92
宁夏沿黄经济区		3048	1524	50.00	1221	40.06	282	9.25	19	0.62	2	0.07
天山北坡经济区		22792	17737	77.82	3460	15.18	1133	4.97	400	1.76	62	0.27

表 3 - 3 - 7　全国重要经济区水力侵蚀各级强度面积占其辖区面积比例

%

重要经济区	重点区域	水力侵蚀面积比例	各级强度的水力侵蚀面积比例					
			轻度	中度	强烈	极强烈	剧烈
	总计	19.67	9.94	5.33	2.77	1.20	0.43
环渤海地区	小计	23.75	12.16	6.76	3.09	1.31	0.43
	京津冀地区	22.19	12.01	6.87	2.25	0.72	0.34
	辽中南地区	27.89	13.06	7.72	4.44	2.05	0.62
	山东半岛地区	20.05	10.98	4.93	2.58	1.28	0.28
长江三角洲地区		5.28	3.49	1.18	0.37	0.14	0.10
珠江三角洲地区		10.26	3.48	3.65	2.05	0.89	0.19
冀中南地区		18.55	9.41	5.87	2.39	0.68	0.20
太原城市群		46.28	18.49	16.34	8.71	2.10	0.64
呼包鄂榆地区		24.08	16.88	2.18	3.45	1.24	0.33
哈长地区	小计	23.08	11.33	5.86	3.43	1.81	0.65
	哈大齐工业走廊与牡绥地区	22.69	10.95	5.85	3.61	1.72	0.56
	长吉图经济区	23.89	12.11	5.88	3.06	1.99	0.85
东陇海地区		12.24	6.71	2.82	1.80	0.76	0.15
江淮地区		12.33	6.42	3.87	1.49	0.41	0.14
海峡西岸经济区		12.53	6.78	3.38	1.67	0.53	0.17

重要经济区	重点区域	水力侵蚀面积比例	各级强度的水力侵蚀面积比例				
			轻度	中度	强烈	极强烈	剧烈
	中原经济区	13.45	5.66	4.41	2.37	0.82	0.19
长江中游地区	小计	15.42	8.95	4.35	1.56	0.46	0.10
	武汉城市圈	19.09	10.03	5.92	2.36	0.74	0.04
	环长株潭城市群	14.13	8.91	3.64	0.99	0.39	0.20
	鄱阳湖生态经济区	14.71	8.47	4.18	1.63	0.38	0.05
	北部湾地区	13.86	5.84	4.36	2.16	1.14	0.36
成渝地区	小计	36.75	12.82	12.09	5.89	4.18	1.77
	重庆经济区	38.66	11.58	12.03	6.99	5.87	2.19
	成都经济区	36.12	13.23	12.11	5.53	3.62	1.63
	黔中地区	34.73	16.11	10.72	4.21	2.03	1.66
	滇中地区	26.13	11.84	8.26	4.06	1.56	0.41
	藏中南地区	11.36	5.82	3.99	0.84	0.31	0.40
	关中-天水地区	25.95	18.33	1.68	4.27	1.43	0.24
	兰州-西宁地区	10.11	3.92	3.28	1.74	0.87	0.30
	宁夏沿黄经济区	13.17	6.59	5.27	1.22	0.08	0.01
	天山北坡经济区	16.10	12.54	2.44	0.80	0.28	0.04

水力侵蚀面积最大的是环渤海地区，达到 7.96 万 km²，占经济区水力侵蚀总面积的 14.19%；其次是成渝地区，侵蚀面积 7.62 万 km²，占经济区水力侵蚀总面积的 13.58%；哈长地区侵蚀面积 5.29 万 km²，占经济区水力侵蚀总面积的 9.43%；长江中游地区和呼包鄂榆地区侵蚀面积接近，分别为 4.29 万 km² 和 4.24 万 km²，占经济区水力侵蚀总面积的 7.65% 和 7.56%；中原经济区、太原城市群、海峡西岸经济区和黔中地区水力侵蚀面积变化于 2.72 万～3.36 万 km²，占经济区水力侵蚀总面积的 4.84%～5.99%；滇中地区、天山北坡经济区、关中-天水地区、兰州-西宁地区和冀中南地区水力侵蚀面积变化于 1.29 万～2.44 万 km²，占经济区水力侵蚀总面积的 2.3%～4.35%；北部湾地区、江淮地区、藏中南地区、长江三角洲地区、珠江三角洲地区、宁夏沿黄经济区和东陇海地区水力侵蚀面积变化于 0.29 万～1.29 万 km²，占经济区水力侵蚀总面积的 0.52%～2.29%。水力侵蚀面积及比例见表 3-3-6。

按各重要经济区水力侵蚀面积占辖区面积比例看，21 个重要经济区的水力侵蚀面积占辖区国土面积的 19.67%，高于全国平均水平 13.74%。比例最高的是太原城市群、成渝地区和黔中地区，比例均高于 30%，最大的太原城市群比例达到 46.28%；其次是滇中地区、关中-天水地区、呼包鄂榆地区、环渤海地区和哈长地区，比例介于 23.08%～26.13%；除长江三角洲地区最低，比例仅为 5.28% 外；其余 12 个地区比例均高于 10%，低于 20%。水力侵蚀面积占辖区国土面积比例见表 3-3-7。

第四节 风力侵蚀情况

风力侵蚀主要发生在中国北方干旱、半干旱和部分半湿润地区，按全国、省级行政区、全国水土保持规划一级区以及粮食主产区和重要经济区等不同区划，分别介绍风力侵蚀各级强度面积、比例以及其占辖区面积比例等。

一、侵蚀面积与强度

全国风力侵蚀总面积 165.59 万 km²，占普查范围总面积的 17.47%。其中，轻度、中度、强烈、极强烈和剧烈侵蚀的面积分别为 71.60 万 km²、21.74 万 km²、21.82 万 km²、22.04 万 km² 和 28.39 万

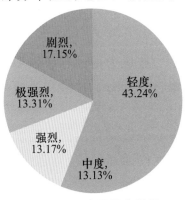

图 3-4-1 全国风力侵蚀强度分级面积比例

km²，分别占风力侵蚀总面积的 43.24％、13.13％、13.17％、13.31％和 17.15％，所占比例见图 3-4-1。在风力侵蚀强度等级构成中，轻度侵蚀面积最大，占到侵蚀总面积的 43.24％；其他各级强度侵蚀的面积基本相当，大约占到侵蚀总面积的 13％～17％。

二、侵蚀的区域分异

（一）省级行政区分布状况

风力侵蚀主要分布在河北、山西、内蒙古、辽宁、吉林、黑龙江、四川、西藏、陕西、甘肃、青海、宁夏和新疆等 13 个省（自治区）。新疆、内蒙古、青海和甘肃等 4 个省（自治区），侵蚀面积分别为 79.78 万 km²、52.66 万 km²、12.59 万 km²、12.51 万 km²，合计占全国风力侵蚀面积的比例为 95.13％；黑龙江、四川、宁夏、河北、辽宁、陕西和山西等 7 个省（自治区）的风力侵蚀面积均在 1 万 km² 以下，各省（自治区）占全国风力侵蚀面积的比例均不足 1％。各省（自治区）风力侵蚀面积排序详见图 3-4-2。

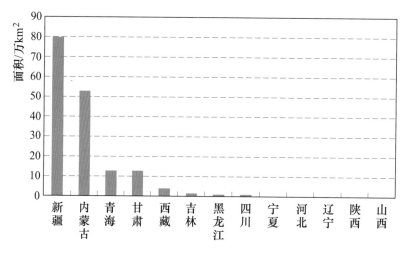

图 3-4-2　各省（自治区）风力侵蚀面积排序

按风力侵蚀各级强度面积看，轻度侵蚀面积位居前五位的省份为新疆、内蒙古、青海、甘肃和西藏，面积分别为 36.40 万 km²、23.27 万 km²、5.19 万 km²、2.50 万 km²、1.45 万 km²，吉林、四川、黑龙江、河北、宁夏和辽宁等 6 个省（自治区）轻度侵蚀面积为 1.79 万～8.46 万 km²，陕西省和山西省轻度侵蚀面积较小，分别为 734km² 和 61km²；中度侵蚀面积位居前四位的省份为新疆、内蒙古、青海和甘肃，面积分别为 12.52 万 km²、4.65 万 km²、2.05 万 km²、1.13 万 km²，西藏、黑龙江、吉林和河北等 4 个省（自治区）中度侵蚀面积为 0.13 万～0.56 万 km²；宁夏、陕西、辽宁、四川和山西等 5

个省（自治区）中度侵蚀面积较小，分别为 405km²、154km²、117km²、109km²、2km²；强烈及其以上侵蚀面积位居前五位的省份为新疆、内蒙古、甘肃、青海和西藏，面积分别为 30.86 万 km²、24.75 万 km²、8.883 万 km²、5.35 万 km²、1.71 万 km²，河北、辽宁和四川强烈及其以上侵蚀面积较小，分别为 153km²、36km²、11km²，山西没有强烈及其以上侵蚀面积。

从风力侵蚀各级强度面积比例来看，中、轻度侵蚀的比例从大到小依次是山西、四川、辽宁、河北、黑龙江、吉林、新疆、青海、西藏、内蒙古、宁夏、陕西、甘肃，中、轻度侵蚀小于 50% 的省份为甘肃和陕西，50%～70% 的省（自治区）为宁夏、内蒙古、西藏、青海和新疆，80%～90% 的省份为吉林和黑龙江，90% 以上的省份为河北、辽宁、四川和山西。

从各省（自治区）风力侵蚀总面积占辖区面积的比例来看从大到小依次为新疆、内蒙古、甘肃、青海、宁夏、吉林、西藏、河北、黑龙江、四川、辽宁、陕西、山西，所占比例分别为 48.71%、43.90%、28.60%、17.61%、8.63%、7.11%、2.92%、2.66%、1.99%、1.34%、1.33%、0.92%、0.04%。各省（自治区）风力侵蚀面积占辖区面积比例排序见图 3-4-3。

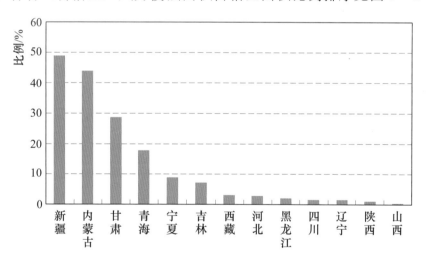

图 3-4-3　各省（自治区）风力侵蚀面积占其辖区面积比例排序

总体上看，各省（自治区）轻度风力侵蚀面积占辖区面积的比例较其他风力侵蚀等级比例大。轻度侵蚀面积占辖区面积的比例大于 10% 的省（自治区）为新疆和内蒙古，分别为 22.23% 和 19.40%，2%～10% 的省（自治区）为青海、甘肃、吉林和宁夏，其他省份均小于 2%，详见表 3-4-1。

从省级行政区风力侵蚀空间分布来看，河北风力侵蚀主要分布在张家口市的张北县和康保县，两县侵蚀面积约占全省的 68.2%。山西风力侵蚀主要分布在大同市的左云县和朔城区，两县（区）侵蚀面积约占全省的 69.84%。内蒙古风力侵蚀面积和强度自东向西均呈现逐渐增加的趋势，仅锡林郭勒盟和阿拉善盟的侵蚀面积约占自治区的62.7％。辽宁风力侵蚀主要分布在阜新市的彰武县，侵蚀面积约占全省的49.9％。吉林风力侵蚀主要分布在白城市的通榆县、洮南市和大安市，三县（市）侵蚀面积约占全省的67.4％。黑龙江风力侵蚀主要分布在大庆市的大同区、肇源县、林甸县和杜尔伯特蒙古族自治县，四县（区）侵蚀面积约占全省的70.1％。四川风力侵蚀分布在阿坝藏族羌族自治州的阿坝县、若尔盖县和红原县。西藏风力侵蚀主要分布在藏北地区，日喀则地区的定日县、昂仁县、仲巴县，那曲地区的那曲县、安多县、申扎县、班戈县、尼玛县，阿里地区的噶尔县、日土县、革吉县、改则县、措勤县共13个县，侵蚀面积约占全自治区的89.9％。陕西风力侵蚀主要分布在榆林市的榆阳区、神木县、靖边县、定边县，四县（区）侵蚀面积约占全省的98.5％。甘肃风力侵蚀主要分布在酒泉市7个县（市、区）和武威市的民勤县，八县（市、区）侵蚀面积约占全省的89.2％。青海风力侵蚀主要分布在海西蒙古族藏族自治州的格尔木市、茫崖行政委员会、冷湖行政委员会、大柴旦行政委员会，玉树藏族自治州的治多县、曲麻莱县，果洛藏族自治州的玛多县，七县（市、区）侵蚀面积约占全省的80.2％。宁夏风力侵蚀主要分布在银川市的灵武市和吴忠市的盐池县，两县（市）侵蚀面积约占全自治区的45.8％。新疆风力侵蚀主要分布在塔里木盆地和准格尔盆地及其周边区域，以及自治区的东部地区，其中和田地区的7个县、巴音郭楞蒙古自治州的3个县、哈密地区的3个县的风力侵蚀面积约占全自治区的54.4％。

表3-4-1　　各省（自治区）风力侵蚀各级强度面积占辖区面积比例　　　　　　％

省（自治区）	风力侵蚀面积比例	各级强度的风力侵蚀面积比例				
		轻度	中度	强烈	极强烈	剧烈
合计	23.16	10.02	3.04	3.05	3.08	3.97
河北	2.66	1.88	0.70	0.08	0.00	0.00
山西	0.04	0.04	0.00	0.00	0.00	0.00
内蒙古	43.90	19.40	3.87	5.18	6.85	8.60
辽宁	1.33	1.22	0.08	0.00	0.02	0.01
吉林	7.11	4.45	1.65	1.00	0.01	0.00
黑龙江	1.99	0.98	0.73	0.28	0.00	0.00
四川	1.34	1.32	0.02	0.00	0.00	0.00
西藏	2.92	1.14	0.44	1.34	0.00	0.00
陕西	0.92	0.36	0.08	0.33	0.15	0.00
甘肃	28.60	5.71	2.58	2.59	7.74	9.98
青海	17.61	7.26	2.87	3.74	2.79	0.95
宁夏	8.63	3.86	0.61	0.73	3.15	0.28
新疆	48.71	22.23	7.64	5.89	5.00	7.95

（二）水土保持区划一级区分布状况

在全国水土保持区划 8 个一级区中，风力侵蚀面积最大的是北方风沙区，面积达 131.10 万 km²，占全国风力侵蚀总面积的 79.17%，其次是青藏高原区，面积达 18.43 万 km²，占全国风力侵蚀总面积的 11.13%，东北黑土区、西北黄土高原区和北方土石山区的风力侵蚀面积均小于 10 万 km²，变化于 2.38 万～8.81 万 km²，南方红壤区、西南紫色土区和西南岩溶区没有风力侵蚀，各一级区风力侵蚀面积排序见图 3-4-4。

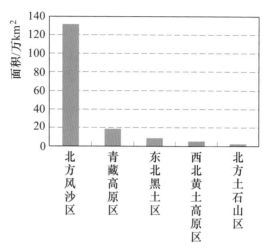

图 3-4-4　各一级区风力
侵蚀面积排序

从风力侵蚀各级强度比例来看，各一级区风力侵蚀以中、轻度侵蚀为主，北方土石山区、东北黑土区、青藏高原区、西北黄土高原区和北方风沙区的中、轻度侵蚀比例分别为 82.07%、80.20%、57.73%、55.64% 和 54.14%；强烈侵蚀比例超过 10% 的有青藏高原区、西北黄土高原区和北方风沙区，分别为 25.32%、16.71%、11.88%；极强烈和剧烈侵蚀合计超过 20% 的有北方风沙区和西北黄土高原区，分别为 33.98% 和 27.65%，具体见表 3-4-2。

表 3-4-2　　全国水土保持区划各一级区风力侵蚀各级强度面积及比例

一级区	风力侵蚀总面积/km²	各级强度的风力侵蚀面积及比例									
		轻　度		中　度		强　烈		极强烈		剧　烈	
		面积/km²	比例/%	面积/km²	比例/%	面积/km²	比例/%	面积/km²	比例/%	面积/km²	比例/%
合计	1655918	716017	43.24	217424	13.13	218159	13.17	220381	13.31	283937	17.15
东北黑土区	88078	52414	59.51	18229	20.69	7230	8.21	4710	5.35	5495	6.24
北方风沙区	1310958	549916	41.95	159805	12.19	155743	11.88	180259	13.75	265235	20.23
北方土石山区	23780	16266	68.4	3251	13.67	359	1.51	1307	5.5	2597	10.92
西北黄土高原区	48798	20821	42.66	6335	12.98	8152	16.71	10817	22.17	2673	5.48
青藏高原区	184304	76600	41.56	29804	16.17	46675	25.32	23288	12.64	7937	4.31

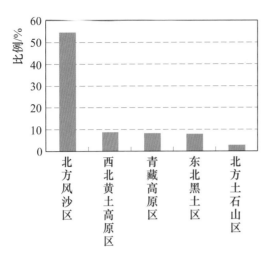

图 3-4-5 各一级区风力侵蚀面积
占其辖区面积比例排序

按各一级区风力侵蚀面积占辖区面积比例看，除北方风沙区外，其余各区均小于全国平均水平 17.47%。比例最高的北方风沙区，比例为 54.70%，其次是西北黄土高原区、青藏高原区、东北黑土区，比例介于 8.10%～8.80%，北方土石山区比例为 2.90%，远低于全国平均水平，各一级区风力侵蚀面积占其辖区面积比例排序见图 3-4-5。

从风力侵蚀各级强度占各一级区面积比例看，北方风沙区轻度侵蚀、中度侵蚀、强烈侵蚀、极强烈侵蚀和剧烈侵蚀面积占各一级区的比例分别为 23.0%、6.7%、6.5%、7.5% 和 11.1%，其他一级区各等级风力侵蚀面积占各一级区的比例均小于 5%，详见表 3-4-3。

表 3-4-3 全国水土保持区划各一级区风力侵蚀各级
强度面积占其辖区面积比例 %

一级区	风力侵蚀面积比例	各级强度的风力侵蚀面积比例				
		轻 度	中 度	强 烈	极强烈	剧 烈
合 计	23.5	10.2	3.1	3.1	3.1	4.0
东北黑土区	8.1	4.8	1.7	0.7	0.4	0.5
北方风沙区	54.8	23.0	6.7	6.5	7.5	11.1
北方土石山区	2.9	2.0	0.4	0.0	0.2	0.3
西北黄土高原区	8.7	3.7	1.1	1.5	1.9	0.5
青藏高原区	8.5	3.5	1.4	2.1	1.1	0.4

（三）重点区域分布状况

1. 粮食主产区风力侵蚀强度分布

全国粮食主产区风力侵蚀面积为 37.29 万 km²，占全国风力侵蚀面积的 22.52%。其中轻度、中度、强烈、极强烈、剧烈的侵蚀面积分别为 23.76 万 km²、6.66 万 km²、1.43 万 km²、2.88 万 km² 和 2.56 万 km²，所占比例见图 3-4-6。在风力侵蚀强度等级构成中，轻度侵蚀面积占粮食主产区风力侵蚀面积的 63.72%，远高于全国平均水平 45.63%；中度侵蚀占 17.88%，与全国平均水平相当；强烈、极强烈和剧烈侵蚀分别占 3.85%、7.72% 和

6.83%，均低于全国平均水平。

从风力侵蚀面积及各级比例来看，各粮食主产区风力侵蚀面积主要分布在甘肃新疆、东北平原、河套灌区，面积分别为 27.14 万 km²、6.88 万 km² 和 3.16 万 km²，这 3 个区以中、轻度风力侵蚀为主，各自比例分别为 82.67%、77.35% 和 83.18%；汾渭平原粮食主产区和华南粮食主产区风力侵蚀面积小于 1000 km²。甘肃新疆粮食主产区风力侵蚀分布在甘新地区主产带，东北平原粮食主产区风力侵蚀分布的松嫩平原和辽河中下游区主产带，以及河套灌区粮食主产区风力侵蚀分布在的宁蒙河段区主产带（表 3-4-4）。

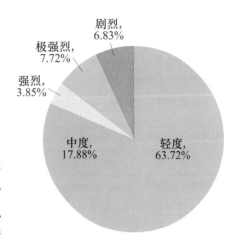

图 3-4-6 粮食主产区风力侵蚀各级强度面积比例

表 3-4-4　　全国粮食主产区风力侵蚀各级强度面积及比例

粮食主产区	粮食主产带	风力侵蚀总面积/km²	各级强度的风力侵蚀面积及比例									
			轻 度		中 度		强 烈		极强烈		剧 烈	
			面积/km²	比例/%	面积/km²	比例/%	面积/km²	比例/%	面积/km²	比例/%	面积/km²	比例/%
总计		372944	237627	63.72	66688	17.88	14341	3.85	28807	7.72	25481	6.83
东北平原	松嫩平原	24911	13691	54.96	6920	27.78	2952	11.85	332	1.33	1016	4.08
	辽河中下游区	43883	21526	49.06	11073	25.23	2941	6.7	3127	7.12	5216	11.89
汾渭平原	汾渭谷地区	639	304	47.66	49	7.69	143	22.4	143	22.21	0	0.04
河套灌区	宁蒙河段区	31557	23427	74.24	2823	8.94	701	2.22	2687	8.52	1919	6.08
华南主产区	云贵藏高原区	533	71	13.27	56	10.48	406	76.25	0	0.00	0	0.00
甘肃新疆	甘新地区	271421	178608	65.81	45767	16.86	7198	2.65	22518	8.3	17330	6.38

按各粮食主产区风力侵蚀面积占辖区面积比例看，甘肃新疆粮食主产区的甘新地区主产带最高，达 42.70%，河套灌区粮食主产区的宁蒙河段区主产带次之，为 29.14%；东北平原粮食主产区的辽河中下游区主产带较小，为 19.66%，其他主产带均很小；甘新地区主产带、宁蒙河段区主产带以及辽河中下游区主产带均以轻度侵蚀为主，比例分别为 28.10%、23.75% 和 9.64%，其他侵蚀强度面积比例均小于 5%。风力侵蚀面积占辖区面积比例见表 3-4-5。

表 3 - 4 - 5　风力侵蚀各级强度面积及占各粮食主产区面积比例 %

粮食主产区	粮食主产带	风力侵蚀面积比例	各级强度的风力侵蚀面积比例				
			轻度	中度	强烈	极强烈	剧烈
东北平原	松嫩平原	5.20	2.86	1.44	0.62	0.07	0.21
	辽河中下游区	19.66	9.64	4.96	1.32	1.40	2.34
黄淮海平原	黄海平原	0.00	0.00	0.00	0.00	0.00	0.00
汾渭平原	汾渭谷地区	0.59	0.31	0.00	0.14	0.14	0.00
河套灌区	宁蒙河段区	29.14	23.75	0.00	0.71	2.73	1.95
华南主产区	云贵藏高原区	0.42	0.06	0.04	0.32	0.00	0.00
甘肃新疆	甘新地区	42.70	28.10	7.20	1.13	3.54	2.73

2. 重要经济区风力侵蚀强度分布

在全国经济区重点区域，风力侵蚀面积达 14.32 万 km²，占全国风力侵蚀面积的 8.65%，其中轻度、中度、强烈、极强烈、剧烈的侵蚀面积分别为 6.48 万 km²、2.69 万 km²、2.32 万 km²、2.10 万 km²、0.74 万 km²，所占比例见图 3 - 4 - 7。在风力侵蚀强度等级构成中，轻度侵蚀和中度侵蚀面积占重要经济区风力侵蚀面积的比例分别为 45.23% 和 18.80%，与全国平均水平相当；强烈侵蚀和极强烈侵蚀分别占 16.17% 和 14.67%，略高于全国平均水平；剧烈侵蚀占 5.13%，远低于全国平均水平。

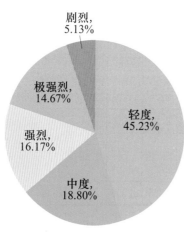

图 3 - 4 - 7　重要经济区风力侵蚀各级强度面积比例

风力侵蚀主要发生在天山北坡经济区、呼包鄂榆地区、兰州-西宁地区、哈长地区，面积分别为 5.36 万 km²、4.30 万 km²、2.50 万 km² 和 1.09 万 km²，这四个区以中、轻度风力侵蚀为主，各自比例分别为 63.07%、60.51%、59.61% 和 87.88%；其余地区风力侵蚀面积均小于 1 万 km²（表 3 - 4 - 6）。

按各重要经济区风力侵蚀面积占辖区面积比例看，天山北坡经济区最高，达 46.09%；呼包鄂榆地区次之，为 24.22%；兰州-西宁地区和宁夏沿黄经济区分别为 14.52% 和 14.38%；其他区域均很小，均在 5.5% 以下（表 3 - 4 - 7）。天山北坡经济区轻度、中度、强烈、极强烈和剧烈侵蚀面积占辖区面积的比例分别为 18.68%、10.39%、5.19%、7.18% 和 4.65%，其他一级经济区以轻度侵蚀为主。

表 3 - 4 - 6　　全国重要经济区风力侵蚀各级强度面积及比例

经济区	重要区域	风力侵蚀总面积/km²	各级强度的风力侵蚀面积及比例									
			轻度		中度		强烈		极强烈		剧烈	
			面积/km²	比例/%	面积/km²	比例/%	面积/km²	比例/%	面积/km²	比例/%	面积/km²	比例/%
	总计	143221	64775	45.23	26924	18.8	23155	16.17	21014	14.67	7353	5.13
环渤海地区	小计	5176	3855	74.48	1209	23.35	108	2.09	2	0.03	2	0.05
	京津冀地区	4335	3026	69.82	1201	27.7	108	2.48	0	0	0	0
	辽中南地区	841	829	98.54	8	0.94	0	0.05	2	0.2	2	0.27
	太原城市群	4	4	100	0	0.00	0	0.00	0	0.00	0	0.00
	呼包鄂地区	42950	19785	46.07	6201	14.44	7545	17.57	7930	18.46	1489	3.46
哈长地区	小计	10933	5555	50.8	4054	37.08	1312	12.01	12	0.11	0	0.00
	哈大齐工业走廊与牡绥地区	8687	4294	49.43	3172	36.51	1214	13.98	7	0.08	0	0.00
	长吉图经济区	2247	1262	56.14	882	39.27	98	4.36	5	0.23	0	0.00
	藏中南地区	1332	331	24.84	14	1.07	987	74.09	0	0.00	0	0.00
	兰州-西宁地区	24984	11839	47.39	3052	12.22	6794	27.19	3023	12.1	276	1.1
	宁夏沿黄经济区	4260	1694	39.77	314	7.37	371	8.72	1696	39.81	185	4.33
	天山北坡经济区	53583	21712	40.52	12081	22.55	6037	11.27	8351	15.58	5401	10.08

表 3 - 4 - 7　　　全国重要经济区风力侵蚀各级强度面积
占其辖区面积比例　　　　　　　　　%

经济区	重点区域	风力侵蚀面积比例	各级强度的风力侵蚀面积及比例				
			轻度	中度	强烈	极强烈	剧烈
环渤海地区	京津冀地区	2.99	2.09	0.83	0.07	0.00	0.00
	辽中南地区	0.72	0.71	0.01	0.00	0.00	0.00
	山东半岛地区	0.00	0.00	0.00	0.00	0.00	0.00
太原城市群		0.01	0.01	0.00	0.00	0.00	0.00
呼包鄂榆地区		24.22	11.16	3.50	4.25	4.47	0.84
哈长地区	哈大齐工业走廊与牡绥地区	5.45	2.70	1.99	0.76	0.00	—
	长吉图经济区	3.07	1.72	1.21	0.13	0.01	—
藏中南地区		2.10	0.52	0.02	1.56	0.00	—
兰州 西宁地区		14.52	6.88	1.77	3.05	1.76	0.16
宁夏沿黄经济区		14.38	5.72	1.06	1.25	5.73	0.62
天山北坡经济区		46.09	18.68	10.39	5.19	7.18	4.65

第五节　冻融侵蚀情况

按全国、省级行政区、全国水土保持规划一级区以及粮食主产区和主要经济区等不同区划，分别介绍冻融侵蚀各级强度面积、比例以及其占辖区面积比例等。

一、侵蚀面积与强度

我国冻融侵蚀总面积 66.10 万 km²，占普查范围总面积的 6.98%，其中轻度、中度、强烈、极强烈和剧烈侵蚀的面积分别为 34.19 万 km²、18.83 万 km²、12.42 万 km²、0.65 万 km²、0.01 万 km²，所占比例见图 3 - 5 - 1。在冻融侵蚀强度等级构成中，轻度侵蚀面积最大，占侵蚀总面积的 51.72%；中度侵蚀面积次之，占侵蚀总面积的 28.49%；强烈侵蚀占侵蚀总面积的 18.79%；而极强烈和剧烈侵蚀仅仅占侵蚀总面

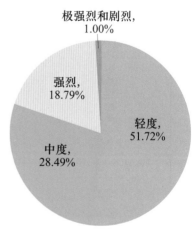

图 3 - 5 - 1　全国冻融侵蚀
强度分级面积比例

积的 1.00%，面积非常小。总体上看，我国冻融侵蚀面积大，但强度不高，主要以轻度、中度和强烈侵蚀为主。

二、侵蚀的区域分异

（一）省级行政区分布状况

我国冻融侵蚀主要分布在内蒙古、黑龙江、四川、云南、西藏、甘肃、青海和新疆等 8 个省（自治区）。西藏、青海、新疆、四川等 4 个省（自治区）侵蚀面积分别为 32.32 万 km²、15.58 万 km²、9.36 万 km²、4.84 万 km²；内蒙古、黑龙江、甘肃等 3 个省（自治区）侵蚀面积分别为 1.45 万 km²、1.41 万 km²、1.02 万 km²；云南省冻融侵蚀面积最小，仅为 1305.54km²。各省（自治区）冻融侵蚀面积排序见图 3-5-2。

按冻融侵蚀各级强度面积看，轻度侵蚀面积位居前三位的省份为西藏、青海和新疆，面积分别为 13.83 万 km²、9.92 万 km² 和 5.16 万 km²，四川、内蒙古、黑龙江等 3 个省（自治区）轻度侵蚀面积为 1.33 万～1.79 万 km²，甘肃省和云南省轻度侵蚀面积分别为 0.79 万 km² 和 0.02 万 km²；中度侵蚀面积最大为西

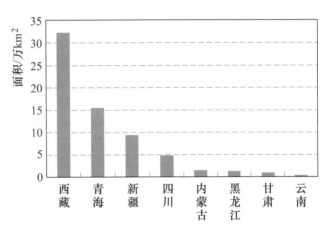

图 3-5-2　各省（自治区）冻融侵蚀面积排序

藏自治区，面积为 9.41 万 km²，青海、新疆、四川等 3 个省（自治区）中度侵蚀面积为 1.60 万～4.03 万 km²，甘肃省、内蒙古自治区、黑龙江省和云南省中度侵蚀面积分别为 0.18 万 km²、0.10 万 km²、0.08 万 km² 和 0.04 万 km²；强烈侵蚀面积最大为西藏自治区，面积为 8.47 万 km²，青海省、四川省和新疆维吾尔自治区强烈侵蚀面积分别为 1.63 万 km²、1.41 万 km² 和 0.08 万 km²，云南省和甘肃省强烈侵蚀面积较小，小于 0.01 万 km²，内蒙古自治区和黑龙江省没有强烈侵蚀分布；西藏自治区极强烈及其以上侵蚀面积最大，为 0.62 万 km²，其余各省（自治区）均较小。各强度等级冻融侵蚀面积详见表 3-5-1。

从冻融侵蚀各级强度面积比例来看，轻度冻融侵蚀比例从大到小依次是黑龙江、内蒙古、甘肃、青海、新疆、西藏、四川、云南。轻度侵蚀比例达到 50% 以上的省份有黑龙江、内蒙古、甘肃、新疆和青海。中度侵蚀比例从大到

小依次是新疆、四川、云南、西藏、青海、甘肃、内蒙古、黑龙江，云南省强烈侵蚀比例达到50%。

表3-5-1　　各省（自治区）冻融侵蚀各级强度面积及比例

省（自治区）	侵蚀总面积/km²	各级强度面积及比例									
		轻度		中度		强烈		极强烈		剧烈	
		面积/km²	比例/%	面积/km²	比例/%	面积/km²	比例/%	面积/km²	比例/%	面积/km²	比例/%
合计	660956	341846	51.72	188324	28.49	124216	18.79	6464	0.98	106	0.02
内蒙古	14469	13454	92.98	1015	7.02	0	0.00	0	0.00	0	0.00
黑龙江	14101	13295	94.29	806	5.71	0	0.00	0	0.00	0	0.00
四川	48367	17917	37.04	16011	33.10	14121	29.20	318	0.66	0	0.00
云南	1306	184	14.05	393	30.11	720	55.11	9	0.73	0	0.00
西藏	323230	138278	42.78	94108	29.12	84656	26.19	6082	1.88	106	0.03
甘肃	10163	7890	77.64	1848	18.18	425	4.18	0	0.00	0	0.00
青海	155768	99189	63.68	40273	25.85	16271	10.45	35	0.02	0	0.00
新疆	93552	51639	55.2	33870	36.20	8024	8.58	19	0.02	0	0.00

注　大兴安岭地区的加格达奇和松岭区两地区面积统计入黑龙江省。

从冻融侵蚀面积占辖区面积比例看，各省（自治区）冻融侵蚀面积占辖区面积的比例从大到小依次为西藏、青海、四川、新疆、黑龙江、甘肃、内蒙古、云南。所占比例分别为26.89%、22.37%、9.95%、5.52%、2.99%、2.38%、1.28%、0.34%。各省（自治区）冻融侵蚀面积占辖区面积比例排序见图3-5-3。各省（自治区）冻融侵蚀各级强度面积占辖区面积比例见表3-5-2。

表3-5-2　各省（自治区）冻融侵蚀各级强度面积占辖区面积比例　　　　　%

省（自治区）	冻融侵蚀面积比例	各级强度的冻融侵蚀面积比例				
		轻度	中度	强烈	极强烈	剧烈
合计	10.18	5.27	2.90	1.91	0.10	0.00
内蒙古	1.28	1.19	0.09	0.00	0.00	0.00
黑龙江	2.99	2.82	0.17	0.00	0.00	0.00
四川	9.95	3.69	3.29	2.90	0.07	0.00
云南	0.34	0.05	0.10	0.19	0.00	0.00
西藏	26.89	11.50	7.83	7.04	0.51	0.01
甘肃	2.38	1.85	0.43	0.10	0.00	0.00
青海	22.37	14.24	5.78	2.34	0.01	0.00
新疆	5.52	3.05	2.00	0.47	0.00	0.00

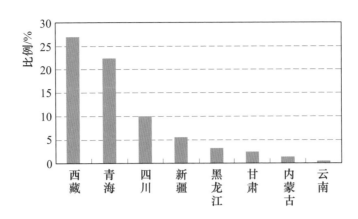

图 3-5-3　各省（自治区）冻融侵蚀面积占其辖区面积比例排序

从地理区域上看，我国冻融侵蚀区可以划分为青藏高原、西北高山区和东北高纬度地区等 3 个大的地理区域。四川省、云南省、西藏自治区、青海省、甘肃省和新疆维吾尔自治区南部的喀喇昆仑山地区的冻融侵蚀区划入青藏高原；新疆维吾尔自治区的天山、博格达山、阿尔泰山划入西北高山区；内蒙古自治区和黑龙江省的冻融侵蚀区划入东北高纬度地区。

青藏高原区域冻融侵蚀总面积 59.74 万 km²，占全国冻融侵蚀面积的 90.38%。在我国冻融侵蚀的 3 大分区中，青藏高原冻融侵蚀面积最大，侵蚀强度也最高。青藏高原的轻度、中度、强烈、极强烈和剧烈侵蚀的面积分别为 299973km²、171930km²、118935km²、6447km² 和 106km²，所占比例分别为 50.20%、28.78%、19.90%、1.08% 和 0.04%。西藏自治区和青海省是青藏高原的主体部分，西藏自治区冻融侵蚀面积最大，且侵蚀强度较高，全国冻融侵蚀极强烈和剧烈区几乎全部分布在西藏自治区，比例高达 94.08% 和 99.86%，强烈侵蚀比例也高达 68.15%。青海省冻融侵蚀面积是全国第二大省份，侵蚀面积达 15.58 万 km²，轻度以上冻融侵蚀面积所占比例与全国平均水平基本相当。

西北高山区冻融侵蚀总面积 3.50 万 km²，在我国冻融侵蚀的 3 大分区中处于第二位，占全国冻融侵蚀面积的 5.29%。西北高山区的轻度、中度、强烈和极强烈侵蚀的面积分别为 15127、14568、5282 和 15km²，所占比例分别为 43.23%、41.63%、15.09% 和 0.05%，无剧烈侵蚀分布。西北高山区冻融侵蚀主要分布在天山、阿尔泰山和博格达山，其中天山山脉的南支脉冻融侵蚀强度较高，是西北高山区冻融侵蚀发育强烈的地区。

东北高纬度地区冻融侵蚀总面积 2.86 万 km²，占全国冻融侵蚀面积的 4.32%。在我国冻融侵蚀的 3 大分区中，东北高纬度地区面积最小，侵蚀强度等级也最低，从全国范围来看其不占主体。东北高纬度地区轻度侵蚀和中度侵蚀面积分别为 26745.06km² 和 1825.32km²，所占比例分别为 93.61% 和 6.39%，无强烈、极强烈和剧烈侵蚀分布。

（二）水土保持一级区分布状况

在全国 8 个水土保持区划一级区中，有冻融侵蚀分布的区域包括东北黑土区、北方风沙区、北方土石山区、西北黄土高原区、西南紫色土区、西南岩溶区和青藏高原区等 7 个区域，仅有南方红壤区没有冻融侵蚀分布。青藏高原区是我国冻融侵蚀的主要分布区，冻融侵蚀面积 532069km²，占全国冻融侵蚀总面积的 80.50%。其次是北方风沙区和东北黑土区，面积分别为 98319km² 和 28567km²。北方土石山区、西南岩溶区的冻融侵蚀面积非常小，都在 10km² 以下。各水土保持区划一级区的冻融侵蚀面积及冻融侵蚀面积占土地总面积比例从大到小依次为北方风沙区、东北黑土区、西南紫色土区、西北黄土高原区、西南岩溶区、北方土石山区、南方红壤区（无冻融侵蚀）。各区域冻融侵蚀面积及比例情况见表 3-5-3。

表 3-5-3 全国水土保持区划各一级区冻融侵蚀各级强度面积及比例

一级区	总面积 /km²	各级强度的冻融侵蚀面积及比例									
		轻 度		中 度		强 烈		极强烈		剧 烈	
		面积 /km²	比例 /%	面积 /km²	比例 /%	面积 /km²	比例 /%	面积 /km²	比例 /%	面积 /km²	比例 /%
合计	660956	341846	51.7	188324	28.5	124217	18.8	6463	0.98	106	0.02
北方风沙区	98319	55739	56.7	34376	34.98	8185	8.3	19	0.02	0	0.0
东北黑土区	28567	26747	93.6	1821	6.4	0	0.0	0	0.0	0	0.0
青藏高原区	532069	258646	48.6	151594	28.5	115369	21.68	63.54	1.2	106	0.02
西北黄土高原区	849	447	52.7	228	26.9	157	18.4	17	2.0	0	0.0
西南岩溶区	4	0.35	9.8	0.65	19.3	2	57.0	1	13.9	0	0.0
西南紫色土区	1149	266	23.2	305	26.5	505	44.0	72	6.3	0	0.0

从冻融侵蚀各级强度比例来看，西南岩溶区和西南紫色土区以强烈侵蚀为主，强烈侵蚀比例分别达到了 56.98% 和 43.94%，其他一级区冻融侵蚀以中、轻度侵蚀为主，如青藏高原区、北方风沙区，西北黄土高原区，其中、轻度侵

蚀比例分别为 77.1%，91.66% 和 79.53%，而东北黑土区和北方土石山区没有强烈及以上冻融侵蚀分布。

冻融侵蚀各级强度面积占各一级区辖区面积的比例从大到小依次是青藏高原区、北方风沙区、东北黑土区、西南紫色土区、西北黄土高原区，比例分别 24.11%、4.14%、2.63%、0.22% 和 0.15%，详见表 3-5-4。青藏高原区轻度侵蚀、中度侵蚀和强烈侵蚀占辖区面积的比例分别为 11.72%、6.87% 和 5.23%，北方风沙区轻度侵蚀、中度侵蚀占辖区土地面积的比例分别为 2.35% 和 1.45%，其他一级区各等级冻融侵蚀面积占辖区面积的比例均小于 1%。

表 3-5-4　　　全国水土保持区划各一级区冻融侵蚀各级强度

面积占辖区面积比例　　　　　　　　　　　%

一级区	冻融侵蚀面积比例	各级强度的冻融侵蚀面积比例				
		轻度	中度	强烈	极强烈	剧烈
合计	6.98	3.61	1.99	1.31	0.07	0.00
北方风沙区	4.14	2.35	1.45	0.34	0.00	0.00
北方土石山区	0.00	0.00	0.00	0.00	0.00	0.00
东北黑土区	2.63	2.46	0.17	0.00	0.00	0.00
南方红壤区	0.00	0.00	0.00	0.00	0.00	0.00
青藏高原区	24.11	11.72	6.87	5.23	0.29	0.00
西北黄土高原区	0.15	0.08	0.04	0.03	0.00	0.00
西南岩溶区	0.00	0.00	0.00	0.00	0.00	0.00
西南紫色土区	0.22	0.05	0.06	0.10	0.01	0.00

（三）重点区域分布状况

1. 粮食主产区分布状况

我国 17 个粮食主产带中，三江平原、松嫩平原、云贵藏高原区、甘新地区等 4 个粮食主产带有冻融侵蚀分布。这 4 个粮食主产带冻融侵蚀总面积为 59801km²，其中轻度侵蚀、中度侵蚀、强烈侵蚀、极强烈侵蚀、剧烈侵蚀的面积分别为 32230km²、18307km²、8285km²、953km²、26km²（表 3-5-5），所占比例分别为 53.91%、30.61%、13.85%、1.59%、0.04%。需要指出的是，粮食主产区冻融侵蚀面积是按县域进行统计的，由于冻融侵蚀分布在高海拔处，极少与耕地重合，所以实际中的粮食主产区冻融侵蚀分布极少。

表 3-5-5　　　　我国粮食主产区冻融侵蚀各级强度面积　　　　单位：km²

粮食主产区	粮食主产带	侵蚀总面积	轻度	中度	强烈	极强烈	剧烈
总计		59801	32230	18307	8285	953	26
东北平原	小计	4299	3999	300	0	0	0
	三江平原	11	8	3	0	0	0
	松嫩平原	4288	3991	297	0	0	0
华南主产区	云贵藏高原区	7989	577	1612	4830	944	26
甘肃新疆	甘新地区	47513	27654	16395	3455	9	0

2. 重要经济区分布状况

我国 21 个经济区中，哈长地区、成渝地区、藏中南地区、兰州-西宁地区、天山北坡经济区等 5 个经济区有冻融侵蚀分布。这 5 个经济区冻融侵蚀总面积为 479827km²，其中轻度侵蚀、中度侵蚀、强烈侵蚀、极强烈侵蚀、剧烈侵蚀的面积分别为 25522km²、13472km²、8094km²、724km²、15km²（表 3-5-6），所占比例分别为 53.36%、28.18%、16.92%、1.51%、0.03%。需要指出的是，与粮食主产区一样，重要经济区冻融侵蚀面积是按县域进行统计的，经济活动一般分布在海拔较低的河谷、平原地区，而冻融侵蚀分布在高海拔地区，两者一般很少重合，所以重要经济区的冻融侵蚀面积也非常小。

表 3-5-6　　　　我国重要经济区冻融侵蚀各级强度面积　　　　单位：km²

经济区	重点区域	侵蚀总面积	轻度	中度	强烈	极强烈	剧烈
总计		47827	25522	13472	8094	724	15
哈长地区	哈大齐工业走廊与牡绥地区	1	1	0	0	0	0
成渝地区	成都经济区	154	19	67	67	1	0
藏中南地区		13368	4551	3434	4649	719	15
兰州-西宁地区		29320	18008	8205	3103	4	0
天山北坡经济区		4984	2943	1766	275	0	0

第四章　侵蚀沟道普查成果

西北黄土高原区和东北黑土区沟壑发育，沟道侵蚀严重，是土壤侵蚀的重点区域。西北黄土高原区和东北黑土区的沟道侵蚀在形成机理、特征、类型和危害等方面差异较大，因此掌握两区侵蚀沟道的数量、面积、空间分布和几何特征，可为水土保持综合治理、侵蚀沟道的动态监测等提供数据支撑。

第一节　西北黄土高原区侵蚀沟道情况

西北黄土高原区侵蚀沟道分布覆盖范围广，地形、地貌复杂，本次普查按省级行政区、不同类型区以及粮食主产区和主要经济区等重点区域等，分别介绍不同区域内侵蚀沟道的数量及分布。

一、各省（自治区）侵蚀沟道数量与分布

西北黄土高原区侵蚀沟道总数量为 66.67 万条，总长度为 56.33 万 km，总面积为 18.72 万 km²。其中，长度在 500～1000m 侵蚀沟道的数量 51.97 万条，占侵蚀沟道总数的 78.0%，面积 10.16 万 km²，占侵蚀沟道总面积的 54.3%；长度在 1000m 及以上侵蚀沟道的数量 14.70 万条，占 22.0%，面积 8.56 万 km²，占 45.7%。侵蚀沟道分布见附图 D12。

按省（自治区）进行统计，7 个省（自治区）侵蚀沟道数量分别为青海 51797 条、甘肃 268444 条、宁夏 16703 条、内蒙古 39069 条、陕西 140857 条、山西 108908 条、河南 40941 条。甘肃侵蚀沟道数量最多，总面积达 54102.57km²；其次是陕西，总面积达 44832.71km²。侵蚀沟道数量最少的是宁夏，总面积达 9830.81km²（表 4-1-1、图 4-1-1）。

侵蚀沟道面积分布基本与数量分布一致（图 4-1-2）。甘肃和陕西分布较多，省内侵蚀沟道面积占 7 个省（自治区）总侵蚀沟道面积比例达到 27.13% 和 24.01%。宁夏、河南及内蒙古分布较少，分别占 7 个省（自治区）总侵蚀沟道面积的 4.93%、5.80% 和 7.03%。

按侵蚀沟道长度 500～1000m 以及 1000m 以上两个级别分别统计，各省（自治区）基本以 500～1000m 的沟道为主，所占比例在 65.45%～84.28% 之

间，1000m 以上沟道数量相对较少。1000m 以上沟道占全省沟道比例最高的为宁夏，达到 34.55%，最少的为山西，为 15.72%。

表 4-1-1　　　　侵蚀沟道数量面积分省（自治区）统计表

省 （自治区）	沟道级别	沟道数量/条			沟道面积/km²		
		丘陵 沟壑区	高塬 沟壑区	总数	丘陵 沟壑区	高塬 沟壑区	总数
合计		556425	110294	666719	156719.37	30495.19	187214.56
青海	小计	51797		51797	20848.69		20848.69
	500m≤L<1000m	36413		36413	8490.78		8490.78
	L≥1000m	15384		15384	12357.91		12357.91
甘肃	小计	222417	46027	268444	43533.19	10569.39	54102.58
	500m≤L<1000m	182761	36810	219571	27170.87	6384.38	33555.25
	L≥1000m	39656	9217	48873	16362.32	4185.01	20547.33
宁夏	小计	16703		16703	9830.81		9830.81
	500m≤L<1000m	10932		10932	4197.17		4197.17
	L≥1000m	5771		5771	5633.64		5633.64
内蒙古	小计	39069		39069	14011.21		14011.21
	500m≤L<1000m	26988		26988	5789.91		5789.91
	L≥1000m	12081		12081	8221.30		8221.30
陕西	小计	111492	29365	140857	34588.73	10243.97	44832.71
	500m≤L<1000m	83043	20610	103653	18399.81	4656.98	23056.80
	L≥1000m	28449	8755	37204	16188.92	5586.99	21775.91
山西	小计	74006	34902	108908	22342.76	9681.83	32024.58
	500m≤L<1000m	62588	29198	91786	14624.67	6255.29	20879.95
	L≥1000m	11418	5704	17122	7718.09	3426.54	11144.63
河南	小计	40941		40941	11563.98		11563.98
	500m≤L<1000m	30408		30408	5670.67		5670.67
	L≥1000m	10533		10533	5893.31		5893.31

注　L 为侵蚀河道长度。

（一）青海省

青海省侵蚀沟道主要分布于青海省水土流失严重的东部干旱区，普查范围

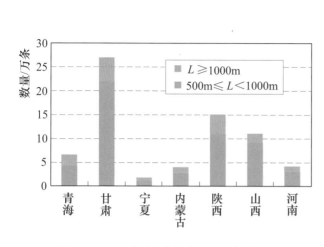

图 4-1-1　各省（自治区）侵蚀沟道
数量分布图

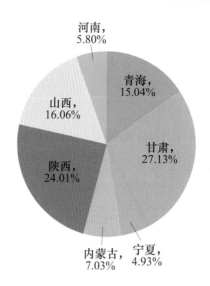

图 4-1-2　各省（自治区）侵蚀
沟道面积比例分布图

涉及西宁等 4 个市，大通县等 15 个县（区）。

全省侵蚀沟道总数量为 51797 条，省内侵蚀沟道总长度为 48413.24km，侵蚀沟道最长为 6685.1m，平均长度 934.67m。其中 500～1000m 的侵蚀沟道 36413 条，占省内侵蚀沟道总数量的 70.30%，1000m 以上的侵蚀沟道 15384 条，占省内侵蚀沟道总数量的 29.70%。

全省侵蚀沟道面积为 20848.69km²，侵蚀沟道最小面积为 0.03km²，平均每条侵蚀沟道面积为 0.41km²，其中各县（区）分布数量最多的为共和县，共 9241 条，占省内侵蚀沟道总数量的 18.18%。分布数量最少为西宁市郊区，共 412 条，占省内侵蚀沟道总数量的 0.79%，各县（区）侵蚀沟道数量分布见图 4-1-3。

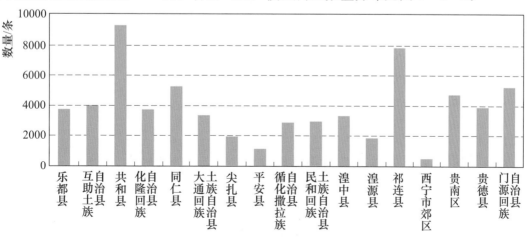

图 4-1-3　青海省各县（区）侵蚀沟道数量分布图

（二）甘肃省

甘肃省侵蚀沟道主要分布于东部及中西部，普查范围涉及兰州等7个市（州），永登县等47个县（市、区）。

甘肃省侵蚀沟道总数量为268444条，省内侵蚀沟道总长度为213714.32km。侵蚀沟道最长为5185.7m，平均长度971.2m。其中500～1000m的侵蚀沟道219571条，占省内侵蚀沟道总数量的81.79%。1000m以上的侵蚀沟道48873条，占省内侵蚀沟道总数量的18.21%。

全省侵蚀沟道面积为54102.58 km²，侵蚀沟道最小面积为0.01km²，平均每条侵蚀沟道面积为0.20km²，其中分布数量最多的为环县，共26726条，占省内侵蚀沟道总数量的9.96%，分布数量最少为临夏市辖区，共80条，占省内侵蚀沟道总数量的0.03%，高塬沟壑区、丘陵沟壑区各县（区）侵蚀沟道数量分布见图4-1-4、图4-1-5。

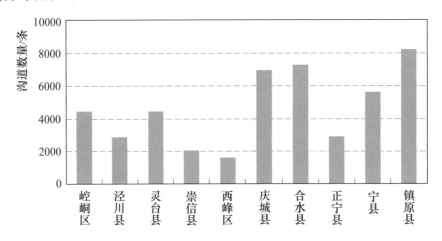

图4-1-4　甘肃省高塬沟壑区各县（区）侵蚀沟道数量分布图

（三）宁夏回族自治区

宁夏回族自治区侵蚀沟道主要分布于南部，普查范围涉及白银市等3个市，海原县等8个县（区）。

宁夏回族自治区侵蚀沟道总数量为16703条，自治区内侵蚀沟道总长度为16780.57 km，侵蚀沟道最长为6745.9m，平均长度为1004.64m。其中500～1000m的侵蚀沟道10932条，占自治区内侵蚀沟道总数量的65.45%；1000m以上的侵蚀沟道5771条，占自治区内侵蚀沟道总数量的34.55%。

全自治区侵蚀沟道总面积为9830.81 km²，侵蚀沟道最小面积为0.09km²，平均每条侵蚀沟道面积为0.59km²，其中各县（区）分布数量最多的为海原县，共3685条，占自治区内侵蚀沟道总数量的22.06%，分布数量最少的为隆德县，共705条，占自治区内侵蚀沟道总数量的4.22%，各县

（区）侵蚀沟道数量分布见图 4－1－6。

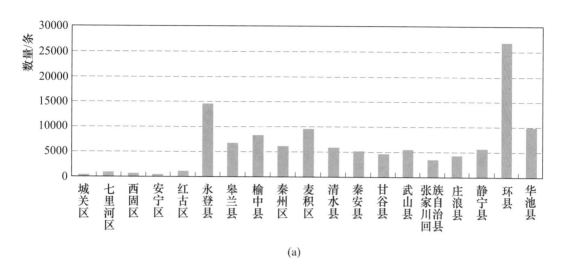

(a)

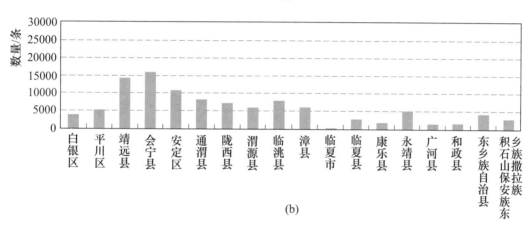

(b)

图 4－1－5　甘肃省丘陵沟壑区各县（区）侵蚀沟道数量分布图

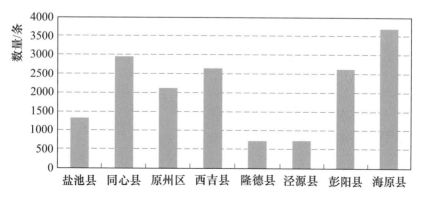

图 4－1－6　宁夏回族自治区各县（区）侵蚀沟道数量分布图

（四）内蒙古自治区

内蒙古自治区（西北黄土高原区）侵蚀沟道主要分布在南部丘陵沟壑区，普查范围涉及呼和浩特市等 3 个市，清水河县等 10 个县。

内蒙古自治区侵蚀沟道总数量为 39069 条，自治区内侵蚀沟道总长度为 37053.76km，最长为 15349.4m，平均长度为 948.42m。其中 500～1000m 的侵蚀沟道 26988 条，占自治区内侵蚀沟道总数量的 69.08%。1000m 以上的侵蚀沟道 12081 条，占自治区内侵蚀沟道总数量的 30.92%。

全自治区侵蚀沟道总面积为 14011.21 km²，侵蚀沟道最小面积为 0.004 km²，平均每条侵蚀沟道面积为 0.36km²。其中各县（区、旗）分布数量最多的为内准格尔旗，共 11958 条，占自治区内侵蚀沟道总数量的 30.61%，分布数量最少的为呼和浩特市玉泉区，仅 3 条侵蚀沟道，各县（区、旗）侵蚀沟道数量分布见图 4-1-7。

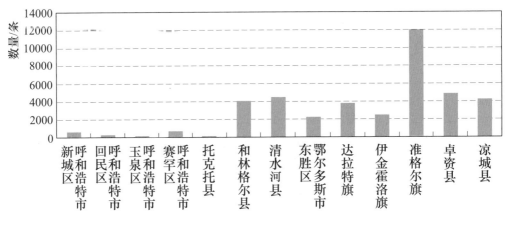

图 4-1-7 内蒙古自治区各县（区、旗）侵蚀沟道数量分布图

（五）陕西省

陕西省侵蚀沟道主要分布于中部及北部的高塬沟壑区及丘陵沟壑区。陕西省普查范围涉及延安市等 6 个市，定边县等 44 个县。

陕西省侵蚀沟道总数量为 140857 条，省内侵蚀沟道总长度为 124769.70km，最长为 10481.2m，平均长度为 885.79m。其中 500～1000m 的侵蚀沟道 103653 条，占省内侵蚀沟道总数量的 73.59%。1000m 以上的侵蚀沟道 37204 条，占省内侵蚀沟道总数量的 26.41%。

全省侵蚀沟道总面积为 44832.71km²，侵蚀沟道最小面积为 0.04km²，平均每条侵蚀沟道面积为 0.32km²，其中各县（区）分布数量最多为神木县，共 9670 条，占省内侵蚀沟道总数量的 6.87%，分布数量最少为大荔县，共 130 条，占省内侵蚀沟道总数量的 0.09%，丘陵沟壑区、高塬沟壑区各县（区）

侵蚀沟道数量分布见图 4-1-8 和图 4-1-9。

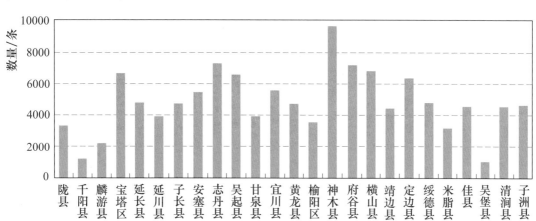

图 4-1-8　陕西省丘陵沟壑区各县（区）侵蚀沟道数量分布图

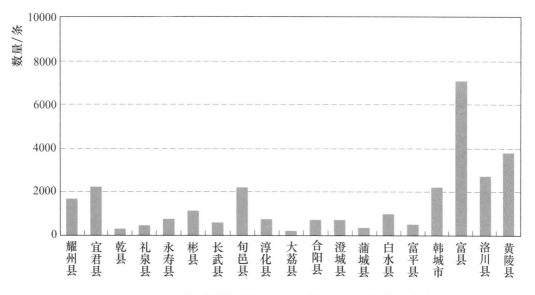

图 4-1-9　陕西省高塬沟壑区各县（区）侵蚀沟道数量分布图

（六）山西省

山西省侵蚀沟道普查主要分布于偏关河、县川河、湫水河等地区，普查范围涉及全省 39 个县。

山西省侵蚀沟道总数量为 108908 条，省内沟道总长度为 85581.92km，最长为 8429.01m，平均长度为 785.82m。其中 500～1000m 的侵蚀沟道 91786 条，占省内侵蚀沟道总数量的 84.28%。1000m 以上的侵蚀沟道 17122 条，占省内侵蚀沟道总数量的 15.72%。

全省侵蚀沟道总面积为 32024.59km²，侵蚀沟道最小面积为 0.05km²，平均每条侵蚀沟道面积为 0.29 km²，其中各县（市）分布数量最多的为临县，共有 7832 条，占省内侵蚀沟道总数量的 7.19%，分布数量最少的为河津市，共有 469 条，占省内侵蚀沟道总数量的 0.43%（图 4-1-10 和图 4-1-11）。

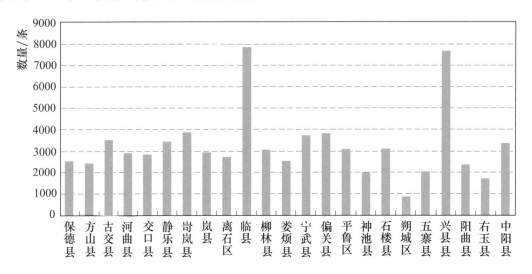

图 4-1-10　山西省丘陵沟壑区各县（区）侵蚀沟道数量分布

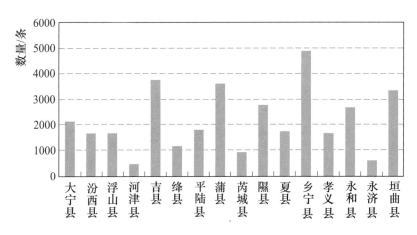

图 4-1-11　山西省高塬沟壑区各县（区）侵蚀沟道数量分布

（七）河南省

河南省侵蚀沟道主要分布于河南省西部，普查范围涉河南省内洛阳市等 5 个市，孟津县等 20 个县。

河南省侵蚀沟道总数量为 40941 条，省内沟道总长度为 36944.68km，最长为 14668.7m，平均长度为 902.39m。其中 500～1000m 的侵蚀沟道 30408 条，占省内侵蚀沟道总数量的 74.27%。1000m 以上的侵蚀沟道 10533 条，占省内侵蚀沟道总数量的 25.73%。

全省侵蚀沟道总面积为 11563.58 km²，沟道最小面积为 0.004km²，平均每条侵蚀沟道面积为 0.28 km²，其中各县（区）分布数量最多的为卢氏县，共 8008 条，占省内侵蚀沟道总数量的 19.56%，分布数量最少为洛阳市吉利区，共 34 条，占省内侵蚀沟道总数量的 0.08%，各县（市、区）侵蚀沟道数量分布见图 4-1-12。

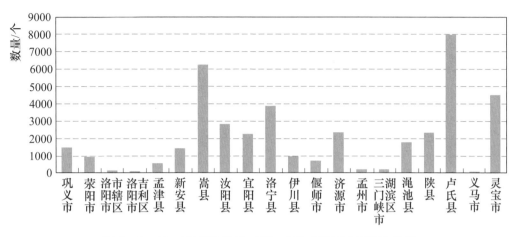

图 4-1-12 河南省各县（市、区）侵蚀沟道数量分布

二、各类型区侵蚀沟道数量与分布

按黄土高原侵蚀类型区对普查成果进行统计，高塬沟壑区分布侵蚀沟道共 110294 条，侵蚀沟道面积 30495.19km²；丘陵沟壑区侵蚀沟道共 556425 条，侵蚀沟道面积 156719.37km²。高塬沟壑区侵蚀沟道数量占侵蚀沟道总数量的 16.54%，丘陵沟壑区占 83.46%（表 4-1-2）。

表 4-1-2 西北黄土高原侵蚀道调普查成果统计表

沟道级别	沟道数量/条			沟道面积/km²		
	合计	丘陵沟壑区	高塬沟壑区	合计	丘陵沟壑区	高塬沟壑区
小计	666719	556425	110294	187214.56	156719.37	30495.19
500m≤L<1000m	519751	433133	86618	101640.53	84343.88	17296.65
L≥1000m	146968	123292	23676	85574.03	72375.49	13198.54

从侵蚀沟道长度、面积、纵比和沟壑密度等特征值比较可以看出（表 4-1-3），高塬沟壑区和丘陵沟壑区侵蚀沟道平均长度和平均面积相差不明显，高塬沟壑区沟道纵比均值大于丘陵沟壑区，虽然现有普查数据不能推算准确的沟壑密度，但是用主侵蚀沟道总长度与各县面积比例，依然可以反映出侵蚀沟道分布的大致规律，即高塬沟壑区主侵蚀沟道沟壑密度小于丘陵沟壑区，这与高塬沟壑区塬面平坦、塬面水土流失较轻，但沟蚀严重的特征基本吻合。

表 4 - 1 - 3　　　　　　西北黄土高原区侵蚀沟道特征值对比表

水土保持分区	平均长度 /m	平均面积 /km²	纵比均值 /%	主沟道沟壑密度 /(km/km²)
高塬沟壑区	836.84	0.28	20.42	1.25
丘陵沟壑区	846.44	0.28	16.89	1.40

（一）高塬沟壑区

高塬沟壑区普查涉及甘肃、陕西、山西 3 个省的 9 个地（市、州）47 个县。该区长度为 500～1000m 的侵蚀沟道共 86618 条，侵蚀沟道面积 17296.65km²；1000m 以上侵蚀沟道共 23676 条，侵蚀沟道面积 13198.54km²。

高塬沟壑区侵蚀沟道主要分布于甘肃东部、陕西延安南部和渭河以北、山西南部等地区。区内塬面平坦，黄土深厚，洛川塬、董志塬的黄土厚度都在 170m 以上，但沟壑部分，地形破碎，坡陡沟深，本次普查平均沟道纵比为 20.42%，主侵蚀沟道沟壑密度 1.25km/km²，土壤侵蚀形态主要是沟头前进、沟岸扩张、沟床下切，年侵蚀模数介于 2000～5000 t/(km²·a)。

（二）丘陵沟壑区

丘陵沟壑区涉及青海、甘肃、宁夏、内蒙古、陕西、山西、河南 7 个省（自治区）的 31 个市（州）139 个县（旗、区）。该区 500～1000m 侵蚀沟道共 433133 条，侵蚀沟道面积 84343.88km²；1000m 以上侵蚀沟道共 123292 条，侵蚀沟道面积 72375.49km²。

丘陵沟壑区依据地形、地貌差异分为 5 个副区。其中丘一、丘二副区主要分布于陕西北部、山西西北部和内蒙古南部，普查平均沟道纵比分别为 19.93%、14.06%，沟壑密度分别为 3.4～7.6 km/km²、3.0～5.0 km/km²。丘三、丘四副区主要分布于青海东部、甘肃中部、河南西部，该区普查平均沟道纵比分别为 19.69%、20.38%，沟壑密度分别为 2.0～4.0 km/km²、1.3～3.6 km/km²。丘三、丘四副区为黄土丘陵区的梁状丘陵区，坡面较完整，沟壑密度相对较小。丘五副区南依六盘山脉，北邻干旱草原风沙区，自然条件具有明显的过渡性特征，属宁夏回族自治区中部干旱带，该区平均沟道纵比为 12.75%，沟壑密度为 1.4～2.5km/km²。

三、各重点区域侵蚀沟道数量与分布

（一）重要经济区

西北黄土高原区侵蚀沟道涉及关中-天水地区、呼包鄂榆地区、兰州-西宁地区、太原城市群以及中原经济区 5 个经济区，侵蚀沟道总量为 320330 条，区内侵蚀沟道总长度为 275204.70km，沟道纵比为 17.15%。侵蚀沟道最长为 16551.3m，平均长度为 859.12m。其中 500～1000m 的侵蚀沟道 245831 条，占区内侵蚀沟道总数量的 76.74%。1000m 以上的侵蚀沟道 74499 条，占区内侵蚀沟道总数量的 23.26%。全区侵蚀沟道面积为 88725.18km²，侵蚀沟道最小面积为 0.41hm²，平均每条侵蚀沟道 27.70hm²（表 4-1-4）。

在涉及的 5 个经济区中，侵蚀沟道数量、面积和长度最大的地区为呼包鄂榆地区，分别为 90306 条、27956.71km² 和 80194.15km。太原城市群侵蚀沟道数量、面积和长度均最小，分别为 30508 条、9359.38km²、24103.95km。沟道纵比最大的为关中-天水地区，为 23.71%，最小为呼包鄂榆地区，为 12.27%。

表 4-1-4　　西北黄土高原区经济区各类型区侵蚀沟汇总表

经济区	侵蚀沟道数量/条	侵蚀沟道面积/km²	侵蚀沟道长度/km	沟道纵比/%
合计	320330	88725.18	275204.70	17.15
关中-天水地区	62760	16125.41	53151.74	23.71
呼包鄂榆地区	90306	27956.71	80194.15	12.27
兰州-西宁地区	88240	21721.15	74340.77	14.63
太原城市群	30508	9359.38	24103.95	18.08
中原经济区	48516	13562.53	43414.09	21.75

（二）粮食主产区

西北黄土高原区侵蚀沟道涉及汾渭平原、河套灌区、黄淮海平原 3 个粮食主产区，侵蚀沟道总量为 108835 条，区内侵蚀沟道总长度为 95882.28km，沟道纵比 18.27%。侵蚀沟道最长为 15349.4m，平均长度 880.99m。其中 500～1000m 的侵蚀沟道 81495 条，占区内侵蚀沟道总数量的 74.88%。1000m 以上的侵蚀沟道 27340 条，占区内侵蚀沟道总数量的 25.12%。全区侵蚀沟道面积为 31986.46km²，侵蚀沟道最小面积为 0.41hm²，平均每条侵蚀沟道面积为 29.0hm²（表 4-1-5）。

在涉及的 3 个粮食主产区中，侵蚀沟道数量、面积、长度、沟道纵比最大的地区为汾渭平原，分别为 84597 条、22694.70km²、71487.35km、19.81%。黄淮海平原区侵蚀沟道数量、面积、长度最小，分别为 7868 条、2093.83km²、7662.88km。

表4-1-5　西北黄土高原区粮食主产区各类型区侵蚀沟道汇总表

粮食主产区	粮食主产带	侵蚀沟道数量 /条	侵蚀沟道面积 /km²	侵蚀沟道长度 /km	沟道纵比 /%
合计		108835	31986.46	95882.28	18.27
汾渭平原	汾渭谷地区	84597	22694.70	71487.35	19.81
河套灌区	宁蒙河段区	16370	7197.93	16732.05	11.74
黄淮海平原	小计	7868	2093.83	7662.88	15.27
	黄海平原	185	30.68	215.21	4.69
	黄淮平原	7683	2063.15	7447.67	15.53

第二节　东北黑土区侵蚀沟道情况

东北黑土区沟道侵蚀严重影响本区经济和工农业可持续发展，本次普查按省级行政区、不同类型区以及粮食主产区和主要经济区等重点区域等，分别介绍不同区域内不同分类、分级的侵蚀沟道数量及分布。

一、各省（自治区）侵蚀沟道数量与分布

东北黑土区侵蚀沟道总数量为29.57万条，总长度为19.55万km，总面积为3648km²。其中，稳定沟的数量3.35万条、占11.3%，面积612km²、占16.8%；发展沟的数量26.22万条、占88.7%，面积3036km²、占83.2%。侵蚀沟道分布见附图D13。

东北黑土区4个省（自治区）中，黑龙江侵蚀沟道数量最多，为115535条，辽宁侵蚀沟道数量最少，为47193条；内蒙古与吉林侵蚀沟道数量分别为69957条和62978条。内蒙古沟壑密度最大，为0.38km/km²，黑龙江沟壑密度最小，为0.12km/km²，辽宁省和吉林省沟壑密度分别为0.17km/km²、0.13km/km²。内蒙古侵蚀沟道面积最大，为2147.11km²，辽宁侵蚀沟道面积最小，为198.61km²，黑龙江和吉林侵蚀沟道面积分别为928.99km²和373.71km²。内蒙古侵蚀沟道长度最大，为109762.03km，吉林侵蚀沟道长度最小，为19767.70km，黑龙江和辽宁侵蚀沟道长度分别为45244.34km和20738.57km。侵蚀沟道分类、分级汇总情况见表4-2-1、表4-2-2，侵蚀沟道分布情况见图4-2-1、图4-2-2。

表 4 - 2 - 1 东北黑土区侵蚀沟道分类分级汇总表

省 （自治区）	侵蚀沟道类型		沟道数量 /条	沟道面积 /km²	沟道长度 /km
黑龙江	发展沟	100m≤L<200m	23284	48.26	3667.95
		200m≤L<500m	57495	326.53	18244.95
		500m≤L<1000m	15503	241.29	10235.82
		1000m≤L<2500m	3132	124.31	4291.08
		2500m≤L<5000m	146	9.67	461.83
	稳定沟		15975	178.93	8342.71
吉林	发展沟	100m≤L<200m	22199	33.58	3353.75
		200m≤L<500m	32287	146.37	9747.78
		500m≤L<1000m	5321	76.63	3488.85
		1000m≤L<2500m	1090	48.12	1535.31
		2500m≤L<5000m	183	38.84	774.47
	稳定沟		1898	30.17	867.54
辽宁	发展沟	100m≤L<200m	9832	13.11	1496.50
		200m≤L<500m	20135	59.63	6504.19
		500m≤L<1000m	7272	49.58	4922.17
		1000m≤L<2500m	1750	25.08	2342.22
		2500m≤L<5000m	105	2.72	342.03
	稳定沟		8099	48.48	5131.46
内蒙古	发展沟	100m≤L<200m	4447	5.99	750.92
		200m≤L<500m	21232	90.31	8440.71
		500m≤L<1000m	18566	246.17	17751.20
		1000m≤L<2500m	14580	728.70	39961.62
		2500m≤L<5000m	3618	721.16	30071.34
	稳定沟		7514	354.78	12786.24

注 L 为侵蚀沟道长度。

表 4 - 2 - 2 东北黑土区侵蚀沟道统计表

省 （自治区）	普查面积 /万 km²	侵蚀沟道 数量 /条	发展沟 数量 /条	稳定沟 数量 /条	侵蚀沟道 面积 /km²	侵蚀沟道 长度 /km	沟壑密度 /(km/km²)	沟道纵比 /%
合计	94.64	295663	262177	33486	3648.42	195512.64	0.21	8.43
黑龙江	39.14	115535	99560	15975	928.99	45244.34	0.12	5.99
吉林	14.38	62978	61080	1898	373.71	19767.70	0.13	11.22
辽宁	12.31	47193	39094	8099	198.61	20738.57	0.17	8.81
内蒙古	28.81	69957	62443	7514	2147.11	109762.03	0.38	9.68

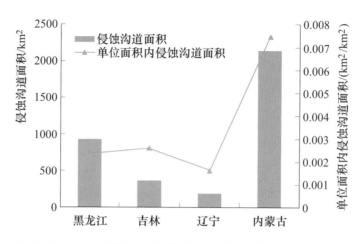

图 4-2-1 东北黑土区各省（自治区）侵蚀沟道面积分布

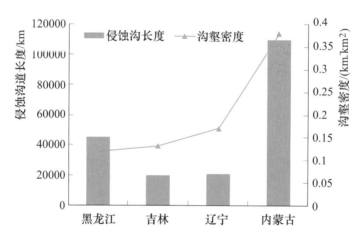

图 4-2-2 东北黑土区各省（自治区）侵蚀沟道长度分布

（1）黑龙江省。黑龙江省境内共有侵蚀沟道 115535 条，其中发展沟 99560 条，稳定沟 15975 条，侵蚀沟道总面积为 928.99km²，侵蚀沟道总长度为 45244.34km，沟壑密度为 0.12km/km²，沟道纵比为 5.99%。

黑龙江省侵蚀沟道数量为东北黑土区侵蚀沟总数量的 39.08%，发展沟数量为东北黑土区发展沟总数量的 37.97%，稳定沟数量为东北黑土区稳定沟总数量的 47.71%，侵蚀沟道面积为东北黑土区侵蚀沟道总面积的 25.46%，侵蚀沟道长度为东北黑土区侵蚀沟道总长度的 23.14%。

黑龙江省侵蚀沟道的分布情况是中部缓坡耕地侵蚀沟道数量较多，沟壑密度较大，造成的水土流失较为严重。东部土层较薄的低山丘陵地区，虽然植被覆盖相对较好但侵蚀沟道数量仍然较大，沟壑密度较小。北部大小兴安岭森林石质山地区域、西部风沙区、三江平原风蚀水蚀区侵蚀沟道数量较少。就沟壑密度而言，各地侵蚀沟道发育程度与水力面蚀侵蚀强度呈正相关关系，面蚀强度越高，沟壑密度越大，反之则较小。如面蚀强烈的绥化地区，其沟蚀程度也位居全省之首，而森林密布、水土流失轻微的大小兴安岭地区，其沟蚀程度也明显低于其他区域。

（2）吉林省。吉林省境内共有侵蚀沟道 62978 条，其中发展沟 61080 条，稳定沟 1898 条，侵蚀沟道总面积为 373.71km^2，侵蚀沟道总长度为 19767.70km，沟壑密度为 0.13km/km^2，沟道纵比为 11.22%。

吉林省侵蚀沟道数量为东北黑土区侵蚀沟道总数量的 21.30%，发展沟数量为东北黑土区发展沟总数量的 23.30%，稳定沟数量为东北黑土区稳定沟总数量的 5.67%，侵蚀沟道面积为东北黑土区侵蚀沟道总面积的 10.24%，侵蚀沟道长度为东北黑土区侵蚀沟道总长度的 10.11%。

吉林省侵蚀沟道从数量上看主要分布在吉林、通化、延边等地区，在西部的白城及松原地区分布较少。吉林省侵蚀沟道主要发育在吉林省中东部、第二松花江、拉林河及其他河流的一二级阶地间，在山区河谷间开荒坡耕地也有较明显发育。从侵蚀沟道总数量、单位面积侵蚀沟道数量及沟壑密度角度来看，吉林省侵蚀沟道主要分布在山地丘陵区和漫川漫岗区。

（3）辽宁省。辽宁省境内共有侵蚀沟道 47193 条，其中发展沟 39094 条，稳定沟 8099 条，侵蚀沟道总面积为 198.61km^2，侵蚀沟道总长度为 20738.57km，沟壑密度为 0.17km/km^2，沟道纵比为 8.81%。

辽宁省侵蚀沟道数量为东北黑土区侵蚀沟道总数量的 15.96%，发展沟数量为东北黑土区发展沟总数量的 14.91%，稳定沟数量为东北黑土区稳定沟总数量的 24.19%，侵蚀沟道面积为东北黑土区侵蚀沟道总面积的 5.44%，侵蚀沟道长度为东北黑土区侵蚀沟道总长度的 10.61%。

辽宁省侵蚀沟道主要分布在辽西北地区以及辽东地区，辽中县、台安县、大洼县和盘山县没有发现符合普查要求的侵蚀沟道。

（4）内蒙古自治区。内蒙古自治区（东北黑土区部分）侵蚀沟道数量为东北黑土区侵蚀沟道总数量的 23.66%，发展沟数量为东北黑土区发展沟总数量的 23.82%，稳定沟数量为东北黑土区稳定沟总数量的 22.44%，侵蚀沟道面积为东北黑土区侵蚀沟道总面积的 58.85%，侵蚀沟道长度为东北黑土区侵蚀沟道总长度的 56.14%。

内蒙古自治区侵蚀沟道数量较大，广泛分布，侵蚀沟道沿各大水系两侧分布，总体上主要以额尔古纳河为界。额尔古纳河以东、以南侵蚀沟道分布密集，密度较高，侵蚀沟道数量约为总数的 2/3，其中大多数侵蚀沟道分布在扎兰屯市以南的地区，扎兰屯市的东北部沿省界均匀分布着一定数量的侵蚀沟道，侵蚀沟道一直延伸到东北部的莫力达瓦达斡尔族自治旗。内蒙古自治区东北侧侵蚀沟道分布较少，仅鄂伦春自治旗与莫力达瓦达斡尔族自治旗相邻的交界处有少量的侵蚀沟道零星分布。额尔古纳河以西侵蚀沟道分布较少，侵蚀沟道数量约为总数量的 1/3，且分布密度较低，分布较为分散，总体呈片状分布。

二、各类型区侵蚀沟道数量与分布

本次普查涉及松辽流域 7 个分区：长白山完达山山地丘陵区、东北漫川漫岗区、大兴安岭东坡丘陵沟壑区、辽宁环渤海山地丘陵区、大小兴安岭山地区、呼伦贝尔高平原区、松辽风沙区（部分）。此外，洮南县（属松辽风沙区）、前郭县和扶余市（属东北漫川漫岗区）虽然不在本次侵蚀沟道普查范围内，但各县（市）局部区域侵蚀沟道明显发育，各省对上述各县（市）侵蚀沟道侵蚀发育集中区进行了普查和统计分析。各类型区普查情况见表 4-2-3。

表 4-2-3　　　东北黑土区各类型区侵蚀沟道汇总表

分区		侵蚀沟道数量/条	稳定沟道数量/条	发展沟道数量/条	侵蚀沟道面积/km²	侵蚀沟道长度/km	沟壑密度/(km/km²)	沟道纵比/%
长白山完达山山地丘陵区	数量	120670	10132	110538	668.90	42305.26	0.14	9.44
	比例/%	40.81	30.26	42.16	18.33	21.64		
东北漫川漫岗区	数量	61818	8554	53264	563.66	24638.40	0.14	5.95
	比例/%	20.91	25.55	20.32	15.45	12.60		
大兴安岭东坡丘陵沟壑区	数量	61677	4923	56754	1369.00	85368.06	0.56	7.67
	比例/%	20.86	14.70	21.65	37.52	43.66		
辽宁环渤海山地丘陵区	数量	25916	4504	21412	138.44	12537.15	0.18	7.89
	比例/%	8.77	13.45	8.17	3.80	6.41		
大小兴安岭山地区	数量	20029	5067	14962	468.81	17722.79	0.08	6.48
	比例/%	6.77	15.13	5.71	12.85	9.06		
呼伦贝尔高平原区	数量	5306	306	5000	436.73	12872.91	0.36	7.79
	比例/%	1.79	0.91	1.91	11.97	6.58		
松辽风沙区（部分）	数量	247	0	247	2.88	68.07	0.06	9.34
	比例/%	0.09	0.00	0.08	0.08	0.05		

东北黑土区侵蚀沟道主要分布在长白山完达山山地丘陵区、东北漫川漫岗区与大兴安岭东坡丘陵沟壑区，占侵蚀沟道总数量的82.58%。各区沟道纵比在5.95%～9.44%之间，相对侵蚀沟道其他特性指标，一致性较高。侵蚀沟道总体上呈缓而长的形态。

（一）长白山完达山山地丘陵区

长白山完达山山地丘陵区侵蚀沟道数量为120670条，其中发展沟110538条，稳定沟10132条，侵蚀沟道面积为668.9km²，侵蚀沟道长度为42305.26km，沟道纵比为9.44%，沟壑密度为0.14km/km²。

长白山完达山山地丘陵区侵蚀沟道数量在6个分区中居第1位，侵蚀沟道数量达到东北黑土区侵蚀沟道总数量的40.81%；侵蚀沟道面积和长度均居第2位，说明该区侵蚀沟道规模较小，侵蚀沟道面积、长度分别为东北黑土区侵蚀沟道总面积的18.33%、总长度的21.64%；发展沟数量、稳定沟数量居第1位，其中发展沟数量达到东北黑土区发展沟总数量的42.16%，稳定沟数量达到东北黑土区稳定沟总数量的30.26%。该区面积较大，侵蚀沟道有较多分布，沟壑密度为0.14km/km²，在6个规划分区居第5位。与其他分区相比，该区侵蚀沟道分布并不密集，但发展沟数量较大。

（二）东北漫川漫岗区

东北漫川漫岗区侵蚀沟道数量为61818条，其中发展沟53264条，稳定沟8554条，侵蚀沟道面积为563.66km²，侵蚀沟道长度为24638.40km，沟道纵比为5.95%，沟壑密度为0.14km/km²。

东北漫川漫岗区侵蚀沟道数量在6个分区中居第2位，发展沟数量居第3位，稳定沟数量居第2位；侵蚀沟道长度居第3位，为东北黑土区侵蚀沟道总长度的12.60%，侵蚀沟道面积居第3位，为东北黑土区侵蚀沟道总面积的15.45%；沟道纵比在6个分区中最小，沟道下切作用相对较弱、沟壑密度较小，居第4位。该区侵蚀沟道总体分布并不密集，但发展沟数量较多，侵蚀沟道总长度、总面积较大，由于该区面积较大，单位面积内侵蚀沟道的长度、面积较小。

（三）大兴安岭东坡丘陵沟壑区

大兴安岭东坡丘陵沟壑区侵蚀沟道数量为61677条，其中发展沟56754条，稳定沟4923条，侵蚀沟道面积为1369.00km²，侵蚀沟道长度为85368.06km，沟道纵比为7.67%，沟壑密度为0.56km/km²。

大兴安岭东坡丘陵沟壑区侵蚀沟道数量在6个分区中居第3位，沟道纵比居第4位，沟壑密度是6个分区中最大的，侵蚀沟道面积、长度居第1位，分别为东北黑土区侵蚀沟道总面积的37.52%，总长度的43.66%，沟道纵比在

6 个分区中排在第 4 位。

（四）辽宁环渤海山地丘陵区

辽宁环渤海山地丘陵区侵蚀沟道数量为 25916 条，其中发展沟 21412 条，稳定沟 4504 条，侵蚀沟道面积为 138.44km²，侵蚀沟道长度为 12537.15km，沟道纵比为 7.89％，沟壑密度为 0.18km/km²。

辽宁环渤海山地丘陵区侵蚀沟道数量在 6 个分区中居第 4 位，沟道纵比居第 2 位，沟壑密度居第 3 位，侵蚀沟道面积、长度均居第 6 位。该区侵蚀沟道数量较小，为东北黑土区侵蚀沟道总数量的 8.77％，侵蚀沟道面积、长度较小，分别为东北黑土区侵蚀沟道总面积的 3.80％、总长度的 6.41％，沟道纵比较大，沟壑密度较小。

（五）大小兴安岭山地区

大小兴安岭山地区侵蚀沟道数量为 20029 条，其中发展沟 5067 条，稳定沟 14962 条，侵蚀沟道面积为 468.81km²，侵蚀沟道长度为 17722.79km，平均沟道纵比为 6.48％，沟壑密度为 0.08km/km²。

大小兴安岭山地区侵蚀沟道数量、沟道纵比在 6 个分区中均居第 5 位，沟壑密度居第 6 位，侵蚀沟道面积居第 4 位，长度居第 4 位。大小兴安岭山地区侵蚀沟道数量较小，为东北黑土区侵蚀沟道总数量的 6.77％，侵蚀沟道面积、长度较小，分别为东北黑土区侵蚀沟道总面积 12.85％、总长度的 9.06％。该区沟壑密度、沟道纵比均比较小，侵蚀沟道分布较稀疏。

（六）呼伦贝尔高平原区

呼伦贝尔高原区侵蚀沟道数量为 5306 条，其中发展沟 5000 条，稳定沟 306 条，侵蚀沟道面积为 436.73hm²，侵蚀沟道长度为 12872.91km，沟道纵比为 7.79％，沟壑密度为 0.36km/km²。

该区侵蚀沟道数量是 6 个分区中最小的，为东北黑土区侵蚀沟道总数量的 1.79％。侵蚀沟道面积、长度分别为东北黑土区侵蚀沟道总面积的 11.97％、总长度的 6.58％。沟壑密度仅次于大兴安岭东坡丘陵沟壑区，居第 2 位。

（七）松辽风沙区（部分）

松辽风沙区（部分）侵蚀沟道数量为 247 条，侵蚀沟道面积为 2.88km²，侵蚀沟道长度为 68.07km，沟道纵比为 9.34％，沟壑密度为 0.06km/km²。

三、各重点区域侵蚀沟道数量与分布

（一）重要经济区

东北黑土区侵蚀沟道普查涉及环渤海和哈长经济区，共有侵蚀沟道

122188 条，其中稳定沟 14810 条，发展沟 107378 条，与东北黑土区侵蚀沟道类型特征一致，以发展沟为主且所占比例较高。侵蚀沟道面积 718.16km²，长度 45609.61km，沟壑密度 0.14km/km²，沟道纵比 8.35%，见表 4-2-4。

表 4-2-4　　　　东北黑土区经济区各类型区侵蚀沟道汇总表

经济区	重点区域	侵蚀沟道数量/条	稳定沟数量/条	发展沟数量/条	侵蚀沟道面积/km²	侵蚀沟道长度/km	沟壑密度/(km/km²)	沟道纵比/%
合计		122188	14810	107378	718.16	45609.61	0.14	8.35
环渤海地区	辽中南地区	42508	7389	35119	156.42	17431.46	0.15	9.01
哈长地区	小计	79680	7421	72259	561.74	28178.15	0.13	8.01
	哈大齐工业走廊与牡绥地区	58123	6801	51322	406.53	21047.85	0.14	7.09
	长吉图经济区	21557	620	20937	155.21	7130.30	0.10	9.85

环渤海地区在东北黑土区仅包括辽中南地区，侵蚀沟道数量 42508 条，包括稳定沟 7389 条，发展沟 35119 条，侵蚀沟道面积 156.42km²，侵蚀沟道长度 17431.46km，沟壑密度 0.15km/km²，在涉及的 3 个重点经济区中，辽中南地区沟壑密度最大，侵蚀沟道在本区发育最为剧烈。沟道纵比为 9.01%，侵蚀沟道平均面积 0.0037km²，平均长度 0.41km。

哈长地区涉及哈大齐工业走廊与牡绥地区和长吉图经济区，共有侵蚀沟道 79680 条，其中发展沟 72259 条，占 90.69%，稳定沟 7421 条，侵蚀沟道面积 561.74km²，侵蚀沟道长度 28178.15km，沟壑密度 0.13km/km²，沟道纵比 8.01%，侵蚀沟道平均面积 0.0071km²，平均长度 0.35km。本区侵蚀沟道平均面积比环渤海地区大 92%，长度短 16%，且沟道纵比小于环渤海地区，哈长地区侵蚀沟道多为"短胖型"，沟道宽度较大，环渤海地区侵蚀沟道多为"狭长型"。哈大齐工业走廊与牡绥地区侵蚀沟道数量 58123 条，其中稳定沟 6801 条，发展沟 51322 条，发展沟占侵蚀沟道总数量的 88.30%，侵蚀沟道面积 406.53km²，侵蚀沟道长度 21047.85km，沟壑密度 0.14km/km²，沟道纵比 7.09%。长吉图经济区侵蚀沟道数量 21557 条，发展沟 20937 条，占 97.12%，稳定沟 620 条，侵蚀沟道面积 155.21km²，侵蚀沟道长度 7130.30km，沟壑密度 0.10km/km²，沟道纵比 9.85%。

（二）粮食主产区

东北平原粮食主产区共有侵蚀沟道 248161 条，其中发展沟 221815 条，占 89.38%，稳定沟 26346 条，侵蚀沟道面积 2634.58km²，侵蚀沟道长度

158181.67km，沟壑密度 0.19km/km²，沟道纵比 8.21%，见表4-2-5。

表4-2-5   东北黑土区重点粮食主产区各类型区侵蚀沟道汇总表

粮食主产区	粮食主产带	侵蚀沟道数量/条	稳定沟数量/条	发展沟数量/条	侵蚀沟道面积/km²	侵蚀沟道长度/km	沟壑密度/(km/km²)	沟道纵比/%
东北平原	合计	248161	26346	221815	2634.58	158181.67	0.19	8.21
	三江平原	36233	4252	31981	252.76	14110.22	0.10	7.19
	松嫩平原	164676	15202	149474	2005.53	112543.27	0.24	8.12
	辽河中下游区	47252	6892	40360	376.29	31528.18	0.15	9.06

本区包括三江平原区、松嫩平原区和辽河中下游区三个粮食主产带，松嫩平原侵蚀沟道数量为164676条，其中发展沟149474条，稳定沟15202条。三江平原侵蚀沟道数量为36233条，其中发展沟31981条，稳定沟4252条。辽河中下游地区侵蚀沟道数量为47252条，其中发展沟40360条，稳定沟6892条。

发展沟所占比例最高的为松嫩平原，占90.77%，其次为三江平原，占88.26%，辽河中下游区发展沟比例为85.41%。松嫩平原沟壑密度、侵蚀沟道平均面积、侵蚀沟道平均长度均在三个粮食主产带最大，分别为0.24 km/km²、0.012km²、0.68km。辽河中下游区沟道纵比最大，为9.06%，其次为松嫩平原，为8.12%，三江平原沟道纵比为7.19%。

第五章　水土保持措施普查成果

水土保持措施普查对象包括水土保持工程措施和植物措施。工程措施主要包括基本农田、淤地坝、坡面水系工程和小型蓄水保土工程，植物措施主要包括水土保持林、经济林和种草等。在普查中，对水土保持治沟骨干工程进行重点详查，主要普查指标包括名称、控制面积、总库容、已淤库容等。为从不同层面了解水土保持措施普查成果，以下从全国、各省（自治区、直辖市）、水土保持区划一级区、大江大河流域和重点区域 5 个层面对水土保持措施普查成果的数量、结构和分异进行说明。鉴于水土保持治沟骨干工程仅分布在黄河流域黄土高原，仅在全国层面说明，其他不再进行赘述。

第一节　全国水土保持措施总体情况

至 2011 年年底，全国共有水土保持措施面积 988637.62km²；淤地坝 58446 座、淤地面积 927.57km²，其中水土保持治沟骨干工程 5665 座、库容 570069.4 万 m³；坡面水系工程控制面积 9219.86km²、长度 154577.0km；点状小型蓄水保土工程 8620212 个、线状小型蓄水保土工程 806507.2km。

一、水土保持措施总体情况

（一）水土保持措施结构特征

在全国水土保持措施总面积中，有梯田 170120.13km²、坝地 3379.48km²、其他基本农田 26797.67km²、乔木林 297871.95km²、灌木林 113980.60km²、经济林 112301.21km²、种草 41131.40km²、封禁治理 210211.47km²、其他措施 12843.71km²，分别占 17.21%、0.34%、2.71%、30.13%、11.53%、11.36%、4.16%、21.26%、1.30%（即各种水土保持措施面积百分比，见图 5 - 1 - 1）。

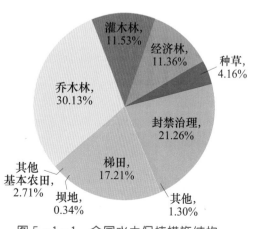

图 5 - 1 - 1　全国水土保持措施结构

其中，工程措施（包括梯田、坝地和其他基本农田等）面积为200297.27km²，植物措施（包括乔木林、灌木林、经济林、种草和封禁治理等）面积为775496.64km²，其他措施面积为12843.71km²。

由此可知，在我国现存的水土保持措施中，以乔木林、封禁治理和梯田等3种措施为主，共占措施总面积的68.60%；而坝地、其他基本农田和种草等3种措施较少，只占到措施总面积的7.21%。

（二）水土保持措施集中程度

由于我国地域辽阔，自然条件复杂，社会经济状况差异较大，不同地区实施水土保持综合治理的时间、规模和程度不同，水土保持措施的维护、管理的手段和力度不同，水土保持措施的保存率（存活率）也就不同，诸多因素的共同影响，致使各地水土保持措施的类型、数量和分布存在较大差异。

全国水土保持措施面积大于4万km²的有河北、山西、内蒙古、辽宁、江西、湖北、四川、贵州、云南、陕西、甘肃等11个省（自治区），占全国水土保持措施总面积的67.92%。其中大于6万km²的有内蒙古、四川、云南、陕西、甘肃等5个省（自治区），小于1万km²的有北京、天津、上海、江苏、海南、西藏、青海、新疆等8个省（自治区、直辖市），小于0.5万km²的有北京、天津、上海、海南、西藏等5个省（自治区、直辖市）。各省（自治区、直辖市）水土保持措施面积柱状图见图5-1-2。

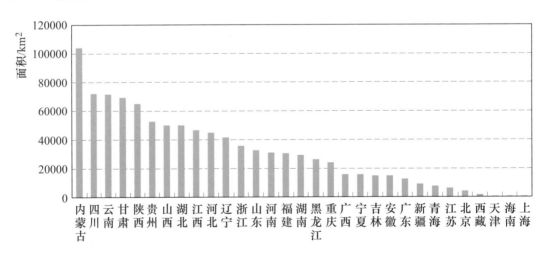

图5-1-2　各省（自治区、直辖市）水土保持措施面积

为反映水土保持措施面积在各县级行政区的相对数量，采用县级行政区水土保持措施面积与行政区面积的比值（百分比）表示全国水土保持措施的集中程度，并按照0、10%、20%、30%、40%、50%分为7级制图，见附图D14。

二、治沟骨干工程数量与分布特征

至 2011 年年底，黄河流域黄土高原共有水土保持治沟骨干工程 5655 座，主要分布在黄河中游地区，其空间分布见附图 D15。从各省（自治区）的数量上看，青海 170 座、甘肃 551 座、宁夏 325 座、内蒙古 820 座、陕西 2538 座、山西 1116 座、河南 135 座，主要分布在陕西、山西、内蒙古 3 个省（自治区），占到治沟骨干工程总数量的 79.12%。各省（自治区）治沟骨干工程的数量、分布及相关属性统计情况详见表 5-1-1。

按水土保持治沟骨干工程所属项目划分，属国家水土保持重点建设工程的 95 座，属黄河中上游水土保持重点防治工程的 1412 座，属黄土高原水土保持世行贷款项目的 137 座，属黄土高原水土保持淤地坝工程的 1881 座，属农业综合开发水土保持项目的 92 座，属其他项目的有 2038 座，分别占 1.68%、24.97%、2.42%、33.26%、1.63%、36.04%。

按控制面积统计，治沟骨干工程总控制面积 3 万 km^2，其中陕西最大，为 1.3 万 km^2，占全部控制面积的 43%；其次为山西、内蒙古、甘肃、青海，在 2500～6000km^2 之间；河南和宁夏最小，均不足 1000km^2。各省份平均控制面积 5.3km^2，宁夏最大，为 9.1km^2，是平均控制面积的 1.7 倍；河南其次，为 7.1km^2；青海最小，为 4.1km^2。

按总库容统计，治沟骨干工程总库容 57 亿 m^3，其中陕西最大，为 29 亿 m^3，占全部库容的 51%；其次为山西、内蒙古，为 9 亿 m^3 左右；青海、甘肃较小，在 3 亿～4 亿 m^3 之间；河南、宁夏最小，仅为 1 亿 m^3 左右。各省份平均总库容 100.8 万 m^3，陕西、内蒙古和宁夏最大，为 110 万 m^3 左右；其次为河南、陕西，为 90 万 m^3 左右；甘肃、青海最小，在 50 万～70 万 m^3 之间。

按已淤库容统计，治沟骨干工程总已淤库容 23 亿 m^3，占总库容的 41%，剩余可淤积库容 34 亿 m^3。主要集中在陕西，接近 18 亿 m^3，占陕西总库容的 60.66%，占治沟骨干工程总已淤库容的 76%；其次为山西、内蒙古和甘肃，在 1 亿～2 亿 m^3 之间；河南、青海和宁夏最小，均不足 1 亿 m^3。各省份平均已淤库容 41.5 万 m^3，陕西省最大，为 70 万 m^3；其余各省（自治区）较少，均在 10 万～20 万 m^3 之间。

按坝高、坝长统计，治沟骨干工程平均坝高 23.1m，各省（自治区）坝高相差不大，陕西、甘肃略高，分别为 24.5m、24.4m，内蒙古略低为 18.9m，其余各省（自治区）均在 20m 左右。平均坝长 120.7m，内蒙古最长，为 205.9m；宁夏次之，为 179.2m；河南、山西、陕西在 100～120m 之间；青海、甘肃最短，在 80～90m 之间。

表 5 - 1 - 1　　　　　　　　水土保持治沟骨干工程分布

划分标准		合计	山西	内蒙古	河南	陕西	甘肃	青海	宁夏
项目/座	小计	5655	1116	820	135	2538	551	170	325
	国家水土保持重点建设工程	95	1	4	2	64	6	0	18
	黄河中上游水土保持重点防治工程	1412	603	242	38	307	132	14	76
	黄土高原水土保持世行贷款项目	137	3	58	0	29	47	0	0
	农业综合开发水土保持项目	92	2	0	0	88	0	0	2
	黄土高原水土保持淤地坝工程	1881	355	450	57	441	315	144	119
	其他	2038	152	66	38	1609	51	12	110
控制面积/km²	总控制面积	29902.9	5874.3	3839.6	946.3	13063.2	2528.3	2958.1	693.1
	平均控制面积	5.3	5.3	4.7	7.0	5.1	4.6	4.1	9.1
库容/万 m³	总库容	570069.4	92418.0	89810.4	12470.3	293051.6	38066.4	34630.6	9622.1
	平均总库容	100.8	82.8	109.5	92.4	115.5	69.1	56.6	106.6
已淤库容/万 m³	总已淤库容	234724.3	23213.2	14867.7	2358.5	177770.8	10094.3	4205.5	2214.3
	平均已淤库容	41.5	20.8	18.1	17.5	70.0	18.3	13.0	12.9
坝高/m	平均坝高	23.1	22.8	18.9	22.0	24.5	24.4	22.7	21.8
坝顶长/m	平均坝顶长	120.7	103.5	205.9	127.5	100.9	94.4	84.5	179.2

第二节　各省（自治区、直辖市）水土保持措施情况

由于各地的地质、地貌、降雨（水）、土壤（地表组成物质）和植被等自然条件不同，土地、水、生物（尤其是植物）和光热等自然资源不同，人口、土地利用状况、农村及周边各业生产和群众生活水平等社会经济情况不同，水土流失的类型、面积、分布和强度不同，在水土保持综合治理规划及其实施中，各地、各区域的治理模式、措施类型和数量必然地存在较大差异。

一、各省（自治区、直辖市）水土保持措施数量

各省（自治区、直辖市）水土保持措施的数量见表5-2-1，工程措施、植物措施和其他措施的数量见表5-2-2。

二、各省（自治区、直辖市）水土保持措施结构

各省（自治区、直辖市）水土保持措施面积与分布见附图D16，每个省（自治区、直辖市）水土保持措施的结构分别如下：

（1）北京市。水土保持措施总面积为4630.01km²，各种措施结构见图5-2-1。点状小型蓄水保土工程4.25万个，线状小型蓄水保土工程869.3km。

（2）天津市。水土保持措施总面积为784.90km²，各种措施结构见图5-2-2。点状小型蓄水保土工程0.97万个，线状小型蓄水保土工程253.1km。

（3）河北省。水土保持措施总面积为45311.41km²，各种措施结构见图5-2-3。点状小型蓄水保土工程32.55万个，线状小型蓄水保土工程19293.7km。

（4）山西省。水土保持措施总面积为50482.45km²，各种措施结构见图5-2-4。淤地坝18007座，淤地面积257.514km²；点状小型蓄水保土工程21.34万个，线状小型蓄水保土工程2657.5km。

（5）内蒙古自治区。水土保持措施总面积为104256.28km²，各种措施结构见图5-2-5。淤地坝2195座，淤地面积38.420km²；点状小型蓄水保土工程14.98万个，线状小型蓄水保土工程24379.7km。

（6）辽宁省。水土保持措施总面积为41714.17km²，各种措施结构见图5-2-6。坡面水系工程控制面积275.753km²，长度5579.0km；点状小型蓄水保土工程9.60万个，线状小型蓄水保土工程114727.7km。

表 5－2－1　　全国各省（自治区、直辖市）水土保持措施数量

省（自治区、直辖市）	措施面积/km²										淤地坝		坡面水系工程		小型蓄水保土工程	
	小计	基本农田			水土保持林			种草	封禁治理	其他	数量/座	淤地面积/km²	控制面积/km²	长度/km	点状/个	线状/km
		梯田	坝地	其他	乔木林	灌木林	经济林									
全国	998637.62	170120.13	3379.48	26797.67	297871.95	113980.60	112301.21	41131.40	210211.47	12843.71	58446	927.58	9219.85	154577.0	8620212	806507.2
北京	4630.01	98.92	0.00	453.68	1527.88	0.00	741.09	14.74	1793.70	0.00	0	0.00	0.00	0.0	42452	869.3
天津	784.90	16.81	9.62	0.00	600.95	28.42	120.56	0.00	8.54	0.00	0	0.00	0.00	0.0	9704	253.1
河北	45311.41	3813.72	45.29	475.32	18341.09	6811.19	7022.46	1446.62	7345.98	9.74	0	0.00	0.00	0.0	325461	19293.7
山西	50482.45	8193.73	1211.29	4842.73	16978.98	7165.68	4519.33	1224.95	6204.12	141.64	18007	257.51	0.00	0.0	213439	2657.5
内蒙古	104256.28	3337.98	242.98	1912.93	19133.74	41537.94	1130.08	9209.09	27577.62	173.92	2195	38.42	0.00	0.0	149797	24379.7
辽宁	41714.17	2419.69	4.00	2631.72	17397.50	2027.64	6858.85	976.26	8303.76	1094.75	0	0.00	275.75	5579.0	96019	114727.7
吉林	14954.46	332.38	0.00	468.09	8803.50	1000.65	628.89	329.52	3384.13	7.30	0	0.00	0.00	0.0	35191	13613.9
黑龙江	26563.59	870.99	0.00	681.16	11427.61	1170.74	596.27	1206.82	6853.88	3756.12	0	0.00	0.00	0.0	94120	28513.9
上海	3.58	0.00	0.00	0.00	2.60	0.65	0.00	0.33	0.00	0.00	0	0.00	0.00	0.0	0	0.0
江苏	6491.34	2361.57	0.00	0.00	2733.97	60.09	1047.08	1.12	287.51	0.00	0	0.00	0.00	0.0	195312	36632.1
浙江	36013.13	4122.48	0.00	0.00	10653.82	1153.41	4889.89	27.83	14192.88	972.82	0	0.00	567.14	5301.5	84143	20165.2
安徽	14926.64	2413.61	0.00	7.55	7782.19	42.08	1449.16	0.04	3232.01	0.00	0	0.00	0.00	0.0	66944	4868.1
福建	30643.15	8316.29	0.00	0.00	9432.70	532.10	3992.93	133.90	8235.23	0.00	0	0.00	0.00	0.0	59072	15786.5
江西	47109.01	10847.16	0.00	499.10	13391.01	1341.13	6458.73	389.10	13957.76	225.02	0	0.00	513.78	28504.0	118020	52226.1
山东	32796.82	8723.80	0.00	3061.75	12102.33	244.03	6672.77	47.67	1944.47	0.00	0	0.00	0.00	0.0	156375	18457.4

续表

省（自治区、直辖市）	措施面积/km² 小计	基本农田 梯田	基本农田 坝地	基本农田 其他	水土保持林 乔木林	水土保持林 灌木林	经济林	种草	封禁治理	其他	淤地坝 数量/座	淤地坝 淤地面积/km²	坡面水系工程 控制面积/km²	坡面水系工程 长度/km	小型蓄水保土工程 点状/个	小型蓄水保土工程 线状/km
河南	31019.57	5204.74	831.11	2868.80	10073.14	3071.09	3596.50	62.78	4887.90	423.51	1640	30.83	0.00	0.0	329262	11326.4
湖北	50251.07	4435.34	0.00	169.22	11988.98	3365.64	4781.40	312.51	24311.55	886.43	0	0.00	2357.34	69136.3	542243	183934.3
湖南	29337.46	14569.43	0.00	0.00	9241.35	0.00	3248.07	0.00	2278.61	0.00	0	0.00	600.36	2416.7	1927534	45031.5
广东	13033.84	3299.49	0.00	0.00	5091.49	1025.14	1815.97	379.51	1402.13	20.11	0	0.00	69.39	1895.7	73427	8744.5
广西	16045.36	10589.82	0.00	0.00	2068.28	110.76	547.99	8.16	2719.86	0.49	0	0.00	0.00	0.0	5701	760.8
海南	662.94	41.01	0.00	0.00	482.76	0.00	0.00	5.62	101.53	32.02	0	0.00	20.40	387.3	1565	62.7
重庆	24264.48	6340.24	0.00	0.00	9657.11	420.05	2946.45	64.70	4835.93	0.00	0	0.00	0.00	0.0	175693	50054.0
四川	72465.80	16328.85	0.00	0.00	24888.71	7868.26	8764.77	3653.18	10896.70	65.33	0	0.00	2815.48	26051.2	660389	30811.5
贵州	53045.31	13927.21	0.00	526.98	17668.91	956.72	5953.82	1234.44	12777.23	0.00	0	0.00	0.00	0.0	329116	29817.6
云南	71816.08	10110.36	0.00	15.84	18538.37	4740.45	22217.15	1272.31	14776.33	145.27	0	0.00	1663.43	11022.6	984528	49394.0
西藏	1865.22	288.03	0.00	5.50	592.22	121.95	16.69	512.68	81.69	246.46	0	0.00	0.00	0.0	486	55.9
陕西	65059.38	8920.65	517.99	5287.77	16578.94	12467.15	8312.10	5204.60	7464.96	305.22	33252	556.90	186.41	3427.3	671576	12295.6
甘肃	69938.16	16509.83	319.25	2107.26	13337.13	9809.23	3302.61	7399.42	12907.66	4245.77	1571	23.89	90.28	799.2	943442	2168.8
青海	7636.91	1563.51	0.00	29.90	478.65	1040.91	192.57	2286.42	2039.81	5.14	665	0.72	0.00	0.0	83889	77.1
宁夏	15964.59	2122.49	197.61	752.37	1651.07	3564.85	477.03	1791.18	5407.99	0.00	1112	18.97	0.00	0.0	244198	29296.0
新疆	9550.51	0.00	0.34	0.00	5224.97	2302.65	0.00	1935.90	0.00	86.65	4	0.34	60.09	56.2	1114	222.3

145

表5-2-2　　全国各省（自治区、直辖市）水土保持工程、
植物和其他措施面积　　　　　　单位：km²

省（自治区、直辖市）	合计	工程措施	植物措施	其他
合计	988637.62	200297.27	775496.64	12843.71
北京	4630.03	552.61	4077.42	0
天津	784.9	26.43	758.47	0
河北	45311.42	4334.33	40967.35	9.74
山西	50482.5	14247.76	36093.1	141.64
内蒙古	104256.28	5493.9	98588.46	173.92
辽宁	41714.18	5055.41	35564.03	1094.74
吉林	14954.46	800.47	14146.69	7.3
黑龙江	26563.59	1552.15	21255.32	3756.12
上海	3.58	0.00	3.58	0.00
江苏	6491.33	2361.57	4129.76	0.00
浙江	36013.13	4122.48	30917.83	972.82
安徽	14926.65	2421.17	12505.48	0.00
福建	30643.14	8316.29	22326.85	0.00
江西	47109.01	11346.26	35537.73	225.02
山东	32796.81	11785.55	21011.26	0.00
河南	31019.55	8904.64	21691.4	423.51
湖北	50251.08	4604.56	44760.09	886.43
湖南	29337.46	14569.43	14768.03	0.00
广东	13033.84	3299.49	9714.24	20.11
广西	16045.37	10589.82	5455.06	0.49
海南	662.94	41.01	589.91	32.02
重庆	24264.47	6340.24	17924.23	0.00
四川	72465.8	16328.85	56071.62	65.33
贵州	53045.3	14454.18	38591.12	0.00
云南	71816.09	10126.21	61544.61	145.27
西藏	1865.21	293.53	1325.22	246.46
陕西	65059.37	14726.37	50027.72	305.23
甘肃	69938.16	18936.33	46756.06	4245.77
青海	7636.91	1593.41	6038.36	5.14
宁夏	15964.6	3072.48	12892.12	0.00
新疆	9550.51	0.34	9463.52	86.65

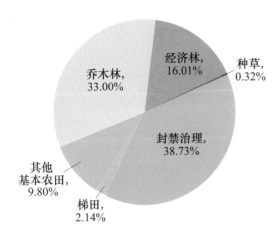

图 5 - 2 - 1 北京市水土保持措施结构

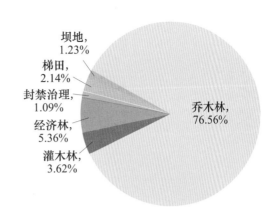

图 5 - 2 - 2 天津市水土保持措施结构

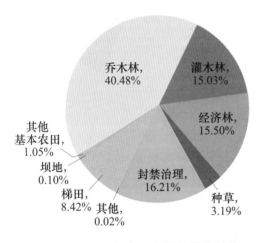

图 5 - 2 - 3 河北省水土保持措施结构

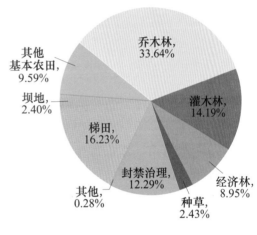

图 5 - 2 - 4 山西省水土保持措施结构

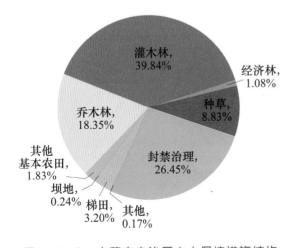

图 5 - 2 - 5 内蒙古自治区水土保持措施结构

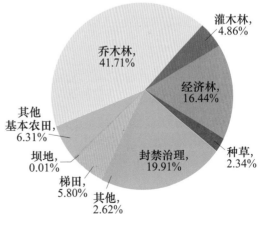

图 5 - 2 - 6 辽宁省水土保持措施结构

（7）吉林省。水土保持措施总面积为 14954.46km²，各种措施结构见图 5-2-7。点状小型蓄水保土工程 3.52 万个，线状小型蓄水保土工程 13613.9km。

（8）黑龙江省。水土保持措施总面积为 26563.59km²，各种措施结构见图 5-2-8。点状小型蓄水保土工程 9.41 万个，线状小型蓄水保土工程 28513.9km。

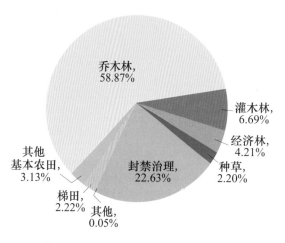

图 5-2-7　吉林省水土保持措施结构　　　图 5-2-8　黑龙江省水土保持措施结构

（9）上海市。水土保持措施总面积为 3.58km²，各种措施结构见图 5-2-9。

（10）江苏省。水土保持措施总面积为 6491.34km²，各种措施结构见图 5-2-10。点状小型蓄水保土工程 19.53 万个，线状小型蓄水保土工程 36632.1km。

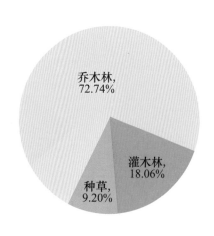
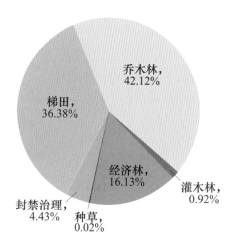

图 5-2-9　上海市水土
保持措施结构

图 5-2-10　江苏省水土
保持措施结构

（11）浙江省。水土保持措施总面积为36013.13km²，各种措施结构见图5-2-11。坡面水系工程控制面积567.14km²，长度5301.5km；点状小型蓄水保土工程8.41万个，线状小型蓄水保土工程20165.2km。

（12）安徽省。水土保持措施总面积为14926.64km²，各种措施结构见图5-2-12。点状小型蓄水保土工程6.69万个，线状小型蓄水保土工程4868.1km。

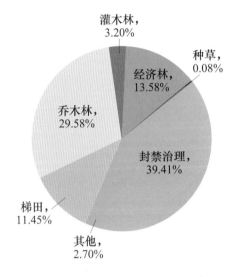

图5-2-11 浙江省水土保持
措施结构

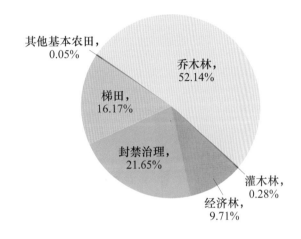

图5-2-12 安徽省水土保持
措施结构

（13）福建省。水土保持措施总面积为30643.15km²，各种措施结构见图5-2-13。点状小型蓄水保土工程5.91万个，线状小型蓄水保土工程15786.5km。

（14）江西省。水土保持措施总面积为47109.01km²，各种措施结构见图5-2-14。坡面水系工程控制面积513.78km²，长度28504.0km；点状小型蓄水保土工程11.80万个，线状小型蓄水保土工程52226.1km。

（15）山东省。水土保持措施总面积为32796.82km²，各种措施结构见图5-2-15。点状小型蓄水保土工程15.64万个，线状小型蓄水保土工程18467.4km。

（16）河南省。水土保持措施总面积为31019.57km²，各种措施结构见图5-2-16。淤地坝1640座，淤地面积30.83km²；点状小型蓄水保土工程32.93万个，线状小型蓄水保土工程11326.4km。

（17）湖北省。水土保持措施总面积为50251.07km²，各种措施结构见图5-2-17。坡面水系工程控制面积2357.34km²，长度69136.3km；点状小型蓄水保土工程54.22万个，线状小型蓄水保土工程183934.3km。

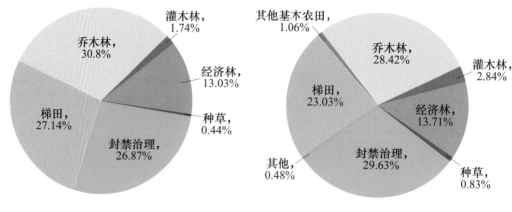

图 5-2-13 福建省水土保持措施结构 图 5-2-14 江西省水土保持措施结构

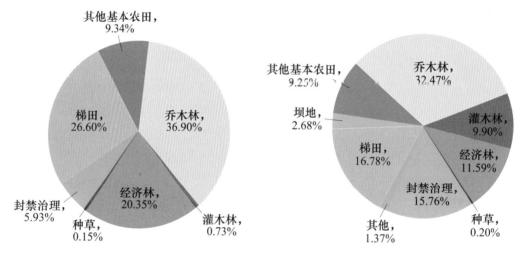

图 5-2-15 山东省水土保持措施结构 图 5-2-16 河南省水土保持措施结构

（18）湖南省。水土保持措施总面积为 29337.46km²，各种措施结构见图 5-2-18。坡面水系工程控制面积 600.36km²，长度 2416.7km；点状小型蓄水保土工程 192.75 万个，线状小型蓄水保土工程 45031.5km。

（19）广东省。水土保持措施总面积为 13033.84km²，各种措施结构见图 5-2-19。坡面水系工程控制面积 69.39km²，长度 1895.7km；点状小型蓄水保土工程 7.34 万个，线状小型蓄水保土工程为 8744.5km。

（20）广西壮族自治区。水土保持措施总面积为 16045.36km²，各种措施结构见图 5-2-20。点状小型蓄水保土工程为 0.57 万个，线状小型蓄水保土工程为 760.8km。

（21）海南省。水土保持措施总面积为 662.94km²，各种措施结构见图 5-2-21。坡面水系工程控制面积 20.40km²，长度 387.3km；点状小型蓄水保土工程 0.16 万个，线状小型蓄水保土工程 62.7km。

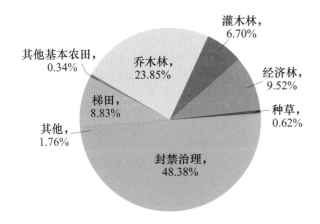

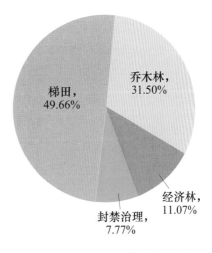

图 5-2-17 湖北省水土
保持措施结构

图 5-2-18 湖南省水土
保持措施结构

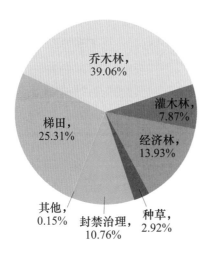

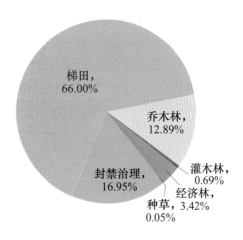

图 5-2-19 广东省水土
保持措施结构

图 5-2-20 广西壮族自治区
水土保持措施结构

（22）重庆市。水土保持措施总面积为 24264.48km²，各种措施结构见图
5-2-22。点状小型蓄水保土工程 17.57 万个，线状小型蓄水保土工
程 50054.0km。

（23）四川省。水土保持措施总面积为 72465.80km²，各种措施结构见图
5-2-23。坡面水系工程控制面积 2815.48km²，长度 26051.2km；点状小型
蓄水保土工程 66.04 万个，线状小型蓄水保土工程 30811.5km。

（24）贵州省。水土保持措施总面积为 53045.31km²，各种措施结构见图
5-2-24。点状小型蓄水保土工程 32.91 万个，线状小型蓄水保土工
程 29817.6km。

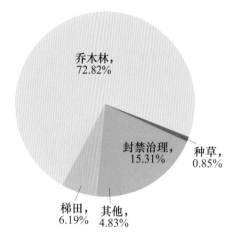

图 5-2-21 海南省水土保持措施结构

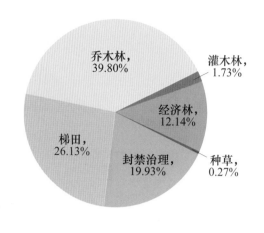

图 5-2-22 重庆市水土保持措施结构

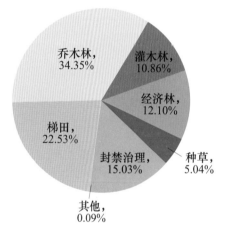

图 5-2-23 四川省水土保持措施结构

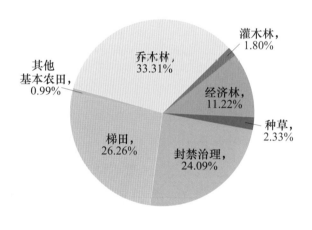

图 5-2-24 贵州省水土保持措施结构

（25）云南省。水土保持措施总面积为 71816.08km²，各种措施结构见图 5-2-25。坡面水系工程控制面积 1663.43km²，长度 11022.6km；点状小型蓄水保土工程 98.45 万个，线状小型蓄水保土工程 49394.0km。

（26）西藏自治区。水土保持措施总面积为 1865.22km²，各种措施结构见图 5-2-26。点状小型蓄水保土工程 0.05 万个，线状小型蓄水保土工程 55.9km。

（27）陕西省。水土保持措施总面积为 65059.38km²，各种措施结构见图 5-2-27。淤地坝 33252 座，淤地面积 556.90km²；坡面水系工程控制面积 186.41km²，长度 3427.3km；点状小型蓄水保土工程 67.16 万个，线状小型蓄水保土工程 12295.6km。

（28）甘肃省。水土保持措施总面积为 69938.16km²，各种措施结构见图

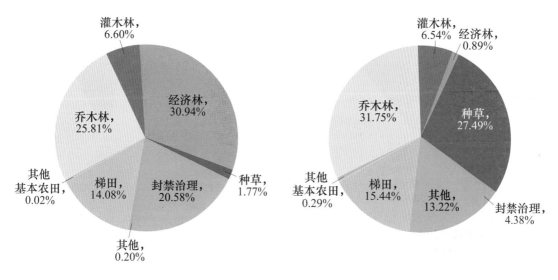

图 5-2-25　云南省水土保持
措施结构

图 5-2-26　西藏自治区
水土保持措施结构

5-2-28。淤地坝 1571 座，淤地面积 23.89km²；坡面水系工程控制面积
90.28km²，长度 799.2km；点状小型蓄水保土工程 94.34 万个，线状小型蓄
水保土工程 2168.8km。

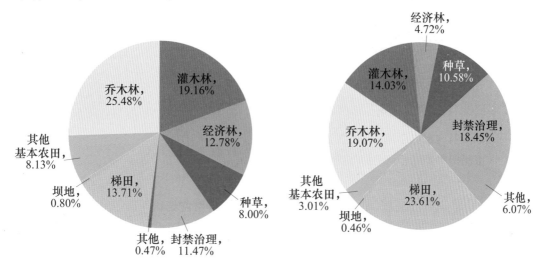

图 5-2-27　陕西省水土保持
措施结构

图 5-2-28　甘肃省水土保持
措施结构

（29）青海省。水土保持措施总面积为 7636.91km²，各种措施结构见图
5-2-29。淤地坝 665 座，淤地面积 0.72km²；点状小型蓄水保土工程 8.39 万
个，线状小型蓄水保土工程 77.1km。

（30）宁夏回族自治区。水土保持措施总面积为 15964.59km²，各种措施

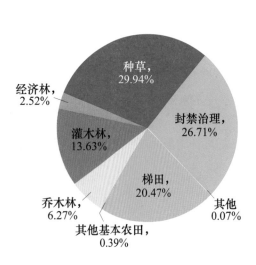

图 5-2-29　青海省水土保持
措施结构

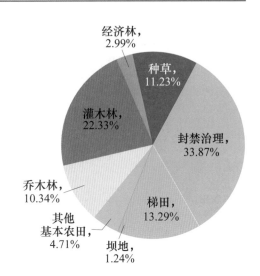

图 5-2-30　宁夏回族自治区
水土保持措施结构

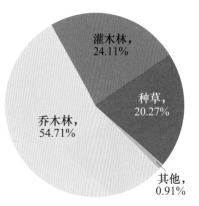

图 5-2-31　新疆维吾尔自治区
水土保持措施结构

结构见图 5-2-30。淤地坝 1112 座，淤地面积 18.97km²；点状小型蓄水保土工程 24.42 万个，线状小型蓄水保土工程 29296.0km。

（31）新疆维吾尔自治区。水土保持措施总面积为 9550.51km²，各种措施结构见图 5-2-31。淤地坝 4 座，淤地面积 0.34km²；坡面水系工程控制面积 60.09km²，长度 56.2km；点状小型蓄水保土工程 0.11 万个，线状小型蓄水保土工程 222.3km。

归纳上述，各省（自治区、直辖市）各种水土保持措施结构见表 5-2-3。

表 5-2-3　　　　各省（自治区、直辖市）水土保持措施结构　　　　%

省（自治区、直辖市）	梯田	坝地	其他基本农田	乔木林	灌木林	经济林	种草	封禁治理	其他
全国	17.21	0.34	2.71	30.13	11.53	11.36	4.16	21.26	1.30
北京	2.14	0.00	9.80	33.00	0.00	16.01	0.32	38.73	0.00
天津	2.14	1.23	0.00	76.56	3.62	15.36	0.00	1.09	0.00
河北	8.42	0.10	1.05	40.48	15.03	15.50	3.19	16.21	0.02
山西	16.23	2.40	9.59	33.64	14.19	8.95	2.43	12.29	0.28

续表

省 （自治区、 直辖市）	梯田	坝地	其他基本 农田	乔木林	灌木林	经济林	种草	封禁治理	其他
内蒙古	3.20	0.24	1.83	18.35	39.84	1.08	8.83	26.45	0.18
辽宁	5.80	0.01	6.31	41.71	4.86	16.44	2.34	19.91	2.62
吉林	2.22	0.00	3.13	58.87	6.69	4.21	2.20	22.63	0.05
黑龙江	3.28	0.00	2.56	43.02	4.42	2.24	4.54	25.80	14.14
上海	0.00	0.00	0.00	72.74	18.06	0.00	9.20	0.00	0.00
江苏	36.38	0.00	0.00	42.12	0.92	16.13	0.02	4.43	0.00
浙江	11.45	0.00	0.00	29.58	3.20	13.58	0.08	39.41	2.70
安徽	16.17	0.00	0.05	52.14	0.28	9.71	0.00	21.65	0.00
福建	27.14	0.00	0.00	30.78	1.74	13.03	0.44	26.87	0.00
江西	23.03	0.00	1.06	28.42	2.84	13.71	0.83	29.63	0.48
山东	26.60	0.00	9.34	36.90	0.73	20.35	0.15	5.93	0.00
河南	16.78	2.68	9.25	32.47	9.90	11.59	0.20	15.76	1.37
湖北	8.83	0.00	0.34	23.85	6.70	9.52	0.62	48.38	1.76
湖南	49.66	0.00	0.00	31.50	0.00	11.07	0.00	7.77	0.00
广东	25.31	0.00	0.00	39.06	7.87	13.93	2.92	10.76	0.15
广西	66.00	0.00	0.00	12.89	0.69	3.42	0.05	16.95	0.00
海南	6.19	0.00	0.00	72.82	0.00	0.00	0.85	15.31	4.83
重庆	26.13	0.00	0.00	39.80	1.73	12.14	0.27	19.93	0.00
四川	22.53	0.00	0.00	34.35	10.86	12.10	5.04	15.03	0.09
贵州	26.26	0.00	0.99	33.31	1.80	11.22	2.33	24.09	0.00
云南	14.08	0.00	0.02	25.81	6.60	30.94	1.77	20.58	0.20
西藏	15.44	0.00	0.29	31.75	6.54	0.89	27.49	4.38	13.22
陕西	13.71	0.80	8.13	25.48	19.16	12.78	8.00	11.47	0.47
甘肃	23.61	0.46	3.01	19.07	14.03	4.72	10.58	18.45	6.07
青海	20.47	0.00	0.39	6.27	13.63	2.52	29.94	26.71	0.07
宁夏	13.29	1.24	4.71	10.34	22.33	2.99	11.23	33.87	0.00
新疆	0.00	0.00	0.00	54.71	24.11	0.00	20.27	0.00	0.91

三、各种水土保持措施在省（自治区、直辖市）的分异

各种水土保持措施在各地的分布存在较大差异，梯田、坝地、水土保持林、经济林、种草、封禁治理、淤地坝等措施往往集中在几个甚至少数几个省（自治区、直辖市）。

（1）梯田。梯田主要分布在山西、福建、江西、山东、湖南、广西、四川、贵州、云南、陕西、甘肃等 11 个省（自治区），占全国梯田总面积的74.67%，其中大于 1 万 km² 的有江西、湖南、广西、四川、贵州、云南、甘肃等 7 个省（自治区）；其他省（自治区、直辖市）梯田面积占全国梯田总面积的 25.33%，其中小于 2000 km² 的有北京、天津、吉林、黑龙江、上海、海南、西藏、青海、新疆等 9 个省（自治区、直辖市）。

（2）坝地。坝地主要分布在山西、内蒙古、河南、陕西、甘肃、宁夏等 6 个省（自治区），占全国坝地总面积的 98.25%。

（3）水土保持林。水土保持林主要分布在河北、山西、内蒙古、辽宁、湖北、四川、贵州、云南、陕西、甘肃等 10 个省（自治区），占全国水土保持林总面积的 65.95%，其中面积大于 2 万 km² 的有河北、山西、内蒙古、四川、云南、陕西、甘肃等 7 个省（自治区）；其他省（自治区、直辖市）水土保持林面积占全国水土保持林总面积的 34.05%，其中面积小于 5000 km² 的有北京、天津、上海、江苏、广西、海南、西藏、青海等 8 个省（自治区、直辖市）。

（4）经济林。水土保持经济林主要分布在河北、辽宁、江西、山东、四川、贵州、云南、陕西等 8 个省，占全国水土保持经济林总面积的 64.35%，其面积均大于 5000 km²；其他省（自治区、直辖市）水土保持经济林面积占全国水土保持经济林总面积的 35.65%，其中面积小于 1000 km² 的有北京、天津、吉林、黑龙江、上海、广西、海南、西藏、青海、宁夏、新疆等 11 个省（自治区、直辖市）。

（5）种草。水土保持种草主要分布在内蒙古、四川、陕西、甘肃、青海等 5 个省（自治区），占全国水土保持种草总面积的 67.47%，其面积均大于2000 km²；其他省（自治区、直辖市）水土保持种草面积占全国水土保持种草总面积的 32.53%，其中面积小于 100 km² 的有北京、天津、上海、江苏、浙江、安徽、山东、河南、湖南、广西、海南、重庆等 12 个省（自治区、直辖市）。

（6）封禁治理。水土保持封禁治理主要分布在内蒙古、浙江、江西、湖北、四川、贵州、云南、甘肃等 8 个省（自治区），占全国水土保持封禁治理总面积的 62.51%，其面积均大于 1 万 km²；其他省（自治区、直辖市）水土保持封禁治理面积占全国水土保持封禁治理总面积的 37.49%，其中面积小于

2000km^2 的有北京、天津、上海、江苏、山东、广东、海南、西藏、新疆等 9 个省（自治区、直辖市）。

（7）淤地坝。淤地坝只在山西、内蒙古、河南、陕西、甘肃、青海、宁夏、新疆等 8 个省（自治区）有分布，主要分布在山西、陕西两个省，占淤地坝总数量的 87.70％。

第三节　水土保持区划一级区水土保持措施情况

各个一级区水土保持措施的类型、面积以及结构存在较大的分异，主要表现在各分区水土保持措施总面积的差异、各分区内水土保持措施结构的差异以及各种水土保持措施在各一级区比例的差异等三个方面。

一、各一级区水土保持措施数量

在全国水土保持措施总面积 988637.62km^2 中，东北黑土区 101889.19km^2，北方风沙区 39130.19km^2，北方土石山区 157041.25km^2，西北黄土高原区 170761.24km^2，南方红壤区 198151.15km^2，西南紫色土区 146322.15km^2，西南岩溶区 143842.66km^2，青藏高原区 31499.79km^2。各一级区水土保持措施面积占全国水土保持措施总面积的比例见图 5-3-1。由此可知，南方红壤区水土保持措施面积最多，其次是西北黄土高原区、北方土石山区、西南紫色土区、西南岩溶区和东北黑土区，北方风沙区和青藏高原区较少。全国水土保持区划各个一级区水土保持措施数量见表 5-3-1。

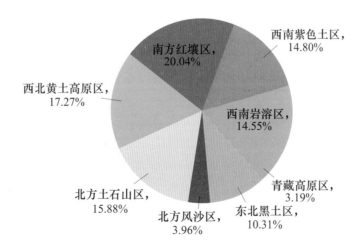

图 5-3-1　全国水土保持区划一级区水土保持措施面积比例

表 5－3－1　全国水土保持区划一级区水土保持措施

一级类型区	措施面积/km² 小计	基本农田 梯田	坝地	其他	水土保持林 乔木林	灌木林	经济林	种草	封禁治理	其他	淤地坝 数量/座	淤地面积/km²	坡面水系工程 控制面积/km²	长度/km	小型蓄水保土工程 点状/个	线状/km
合计	988637.62	170120.13	3379.48	26797.67	297871.95	113980.60	112301.21	41131.40	210211.47	13843.71	58446	927.57	9219.86	154577	8620212	806507.2
东北黑土区	101889.19	3196.41	0.31	4316.84	41671.88	10053.55	6857.29	5420.07	24927.15	4845.70	0	0.00	275.75	5579	212513	157861.1
北方风沙区	39130.19	273.39	86.39	350.22	7952.00	14053.98	370.87	4326.60	11354.42	362.32	18	0.98	60.09	56.2	88350	10365.6
北方土石山区	157041.25	23169.11	1372.35	7821.32	57232.90	22478.33	20168.90	3388.50	20779.91	629.93	2274	42.42	0.00	0	945048	57471.1
西北黄土区	170761.24	31254.88	1758.79	11086.50	35577.16	39432.35	12366.47	15844.92	23186.71	253.46	56150	884.17	15.72	280.8	1915334	40880.6
南方红壤区	198151.15	51740.47	35.66	1678.95	63098.83	5523.35	25215.76	1014.33	48397.56	1446.24	0	0.00	3190.93	79134.1	2811371	316963.7
西南紫色土区	146322.15	29162.71	116.78	915.05	44136.43	8788.77	16708.06	1256.25	43427.57	1810.53	0	0.00	3636.22	53671.3	1219291	136221.6
西南岩溶区	143842.66	30569.71	0.00	542.82	42174.39	7218.73	29662.06	3272.01	30192.34	210.60	0	0.00	1972.72	15603.7	1414227	85673.3
青藏高原区	31499.78	753.45	9.20	85.97	6028.36	5831.54	951.80	6608.72	7945.81	3284.93	4	0.00	68.43	251.9	14078	1070.2

二、各一级区水土保持措施结构

全国各水土保持区划一级区水土保持措施面积与分布见附图 D17，每个一级区水土保持措施的结构分别如下。

（1）东北黑土区。水土保持措施总面积为 101889.19km²，其中：基本农田 7513.56km²，水土保持林 52325.43km²，经济林 6857.29km²，种草 5420.07km²，封禁治理 24927.14km²，其他措施 4845.70km²，各种水土保持措施结构见图 5-3-2。由此可知，在东北黑土区，水土保持林为面积最大的措施类型，占到措施总面积的 1/2 以上；其次为封禁治理，将近占到措施总面积 1/4；其他几类措施的面积较少，大约为总面积的 6%～7%。

（2）北方风沙区。水土保持措施总面积为 39130.19km²，其中：基本农田 710.00km²，水土保持林 22005.98km²，经济林 370.87km²，种草 4326.60km²，封禁治理 11354.42km²，其他措施 362.32km²，各种水土保持措施结构见图 5-3-3。由此可知，在北方风沙区，水土保持林为面积最大的措施类型，大约占到措施总面积的 1/2；其次为封禁治理，将近占到措施总面积 1/3；再次为种草，大约占到措施总面积 1/10；其他几类措施的面积相当少，仅仅为总面积的 1%左右。

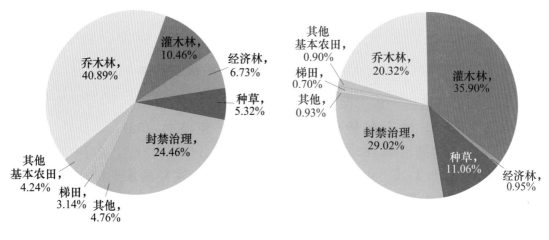

图 5-3-2　东北黑土区　　　　　图 5-3-3　北方风沙区水土
水土保持措施结构　　　　　　　保持措施结构

（3）北方土石山区。水土保持措施总面积为 157041.25km²，其中：基本农田 32362.78km²，水土保持林 79711.23km²，经济林 20168.90km²，种草 3388.50km²，封禁治理 20779.91km²，其他措施 629.93km²，各种水土保持措施结构见图 5-3-4。由此可见，在北方土石山区，水土保持林为面积最大的措施类型，大约占到措施总面积的 1/2；其次为基本农田，大约占到措施总面积 1/5；再次为水土保持林和封禁治理措施，分别占到措施总面积 1/10 以上。

（4）西北黄土高原区。水土保持措施总面积为 170761.24km²，其中：基本农田 44100.17.km²，水土保持林 75009.51km²，经济林 12366.47km²，种草 15844.92km²，封禁治理 23186.71km²，其他措施 253.46km²，各种水土保持措施结构见图 5-3-5。由此可知，在西北黄土高原区，水土保持林为面积最大的措施类型，将近占到措施总面积的 1/2；其次为基本农田，大约占到措施总面积 1/4；而经济林、种草和封禁治理措施的面积相当，大约占措施总面积的 10%。

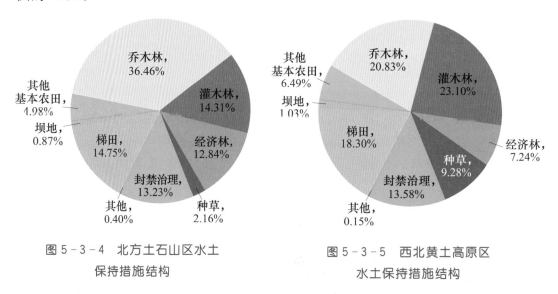

图 5-3-4 北方土石山区水土
保持措施结构

图 5-3-5 西北黄土高原区
水土保持措施结构

（5）南方红壤区。水土保持措施总面积为 198151.15km²，其中：基本农田 53455.08km²，水土保持林 68622.18km²，经济林 25215.76km²，种草 1014.33km²，封禁治理 48397.56km²，其他措施 1446.24km²，各种水土保持措施结构见图 5-3-6。由此可知，在南方红壤区，主要的水土保持措施为水土保持林、基本农田和封禁治理措施，而种草面积相当之少。

（6）西南紫色土区。水土保持措施总面积为 146322.15km²，其中：基本农田 30194.54km²，水土保持 52925.20km²，经济林 16708.06km²，种草 1256.25km²，封禁治理 43427.57km²，其他措施 1810.53km²，各种水土保持措施结构见图 5-3-7。由此可知，在西南紫色土区，水土保持林、封禁治理和基本农田为最主要的水土保持措施，而种草的面积相当之少。

（7）西南岩溶区。水土保持措施总面积为 143842.66km²，其中：基本农田 31112.53km²，水土保持林 49393.12km²，经济林 29662.06km²，种草 3272.01km²，封禁治理 30192.34km²，其他措施 210.60km²，各种水土保持

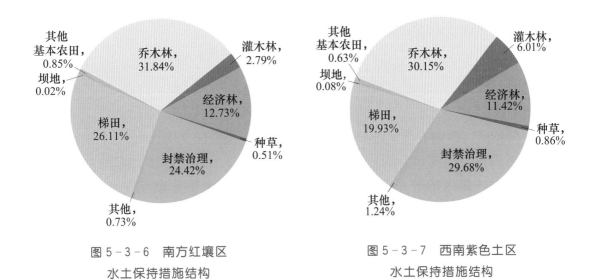

图 5-3-6　南方红壤区
水土保持措施结构

图 5-3-7　西南紫色土区
水土保持措施结构

措施结构见图 5-3-8。由此可知，在西南岩溶区，水土保持林、基本农田和封禁治理的面积相当，分别大约占到措施总面积的 1/5；而种草的面积相当之少，大约只占到措施总面积的 1/50。

（8）青藏高原区。水土保持措施总面积为 31499.79km²，其中：基本农田 848.62m²，水土保持林 11859.90km²，经济林 951.80km²，种草 6608.72km²，封禁治理 7945.82km²，其他措施 3284.93km²，各种水土保持措施结构见图 5-3-9。由此可知，在青藏高原区，水土保持林、封禁治理和种草的面积较大，分别占到措施总面积的 1/5~1/3；而基本农田和经济林的面积较少，只有措施总面积的 2%~3%。

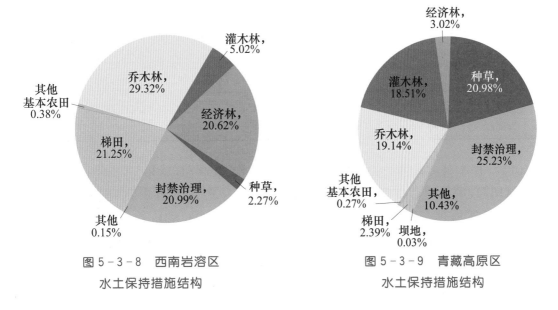

图 5-3-8　西南岩溶区
水土保持措施结构

图 5-3-9　青藏高原区
水土保持措施结构

三、各种水土保持措施在一级区的分异

（1）梯田。全国水土保持梯田总面积 170120.13km²，其中：东北黑土区 3196.42km²，北方风沙区 273.39km²，北方土石山区 23169.11km²，西北黄土高原区 31254.88km²，南方红壤区 51740.47km²，西南紫色土区 29162.71km²，西南岩溶区 30569.71km²，青藏高原区 753.45km²，各一级区的梯田面积占全国梯田总面积的比例见表 5-3-2。由此可知，梯田在全国水土保持区划一级区的分布呈现出明显的 3 个等级：主要分布在南方红壤土区，区内梯田将近占到梯田总面积的 1/3；其次分布在西北黄土高原区、西南岩溶区、西南紫色土区和北方土石山区，4 个区的梯田大约都占到梯田总面积百分之十几；东北黑土区、青藏高原区和北方风沙区的梯田极少。

（2）坝地。全国水土保持坝地总面积 3379.48km²，其中：东北黑土区 0.31km²，北方风沙区 86.39km²，北方土石山区 1372.35km²，西北黄土高原区 1758.79km²，南方红壤区 35.66km²，西南紫色土区 116.78km²，青藏高原区 9.20km²，各一级区的坝地面积比例见表 5-3-2。由此可知，坝地集中分布在西北黄土高原区和北方土石山区，西南紫色土区、北方风沙区、南方红壤区和青藏高原区仅有极少量的分布，西南岩溶区没有坝地分布。

表 5-3-2　全国水土保持区划一级区各种水土保持措施面积比例　　　　　　　　％

水土保持区划一级区	梯田	坝地	乔木林	灌木林	经济林	种草	封禁治理	淤地坝
东北黑土区	1.88	0.01	13.99	9.35	6.11	13.18	11.86	0.00
北方风沙区	0.16	2.56	2.67	12.33	0.33	10.52	5.40	0.03
北方土石山区	13.63	40.61	19.22	19.72	17.96	8.24	9.89	3.89
西北黄土高原区	18.37	52.04	11.94	34.60	11.01	38.52	11.03	96.07
南方红壤区	30.41	1.05	21.18	4.85	22.45	2.47	23.02	0.00
西南紫色土区	17.14	3.46	14.82	7.71	14.88	3.05	20.66	0.00
西南岩溶区	17.97	0.00	14.16	6.32	26.41	7.95	14.36	0.00
青藏高原区	0.44	0.27	2.02	5.12	0.85	16.07	3.78	0.01

（3）乔木林。全国水土保持乔木林总面积 297871.95km²，其中：东北黑土区 41671.88km²，北方风沙区 7952.00km²，北方土石山区 57232.90km²，西北黄土高原区 35577.16km²，南方红壤区 63098.83km²，西南紫色土区 44136.43km²，西南岩溶区 42174.39km²，青藏高原区 6028.36km²，各一级区的乔木林面积比例见表 5-3-2。由此可知，乔木林基本均匀地分布在南方红壤区、北方土石山区、西南紫色土区、西南岩溶区、东北黑土区、西北黄土

高原区,而北方风沙区和青藏高原区的乔木林很少。

(4)灌木林。全国灌木林总面积 113980.60km²,其中:东北黑土区 10653.55km²,北方风沙区 14053.98km²,北方土石山区 22478.33km²,西北黄土高原区 39432.35km²,南方红壤区 5523.35km²,西南紫色土区 8788.77km²,西南岩溶区 7218.73km²,青藏高原区 5831.54km²,各一级区的灌木林面积比例见表 5-3-2。由此可知,灌木林主要分布在西北黄土高原区,其次是北方土石山区、北方风沙区和东北黑土区、西南紫色土区,而西南岩溶区、南方红壤区、青藏高原区只有少量的分布。

(5)经济林。全国水土保持经济林总面积 112301.21km²,其中:东北黑土区 6857.29km²,北方风沙区 370.87km²,北方土石山区 20168.90km²,西北黄土高原区 12366.47km²,南方红壤区 25215.76km²,西南紫色土区 16708.06km²,西南岩溶区 29662.06km²,青藏高原区 951.80km²,各一级区的经济林面积比例见表 5-3-2。由此可知,经济林主要分布在西南岩溶区、南方红壤区、北方土石山区、西南紫色土区及西北黄土高原区,东北黑土区、青藏高原区、北方风沙区只有少量分布。

(6)种草。全国水土保持种草总面积 41131.40km²,其中:东北黑土区 5420.07km²,北方风沙区 4326.60km²,北方土石山区 3388.50km²,西北黄土高原区 15844.92km²,南方红壤区 1014.33km²,西南紫色土区 1256.25km²,西南岩溶区 3272.01km²,青藏高原区 6608.72km²,各一级区的种草面积比例见表 5-3-2。由此可知,种草主要分布在西北黄土高原区,其次是青藏高原区、东北黑土区、北方风沙区、北方土石山区及西南岩溶区,西南紫色土区和南方红壤区只有少量分布。

(7)封禁治理。全国水土保持封禁治理总面积 210211.47km²,其中:东北黑土区 24927.14km²,北方风沙区 11354.42km²,北方土石山区 20779.91km²,西北黄土高原区 23186.71km²,南方红壤区 48397.56km²,西南紫色土区 43427.57km²,西南岩溶区 30192.34km²,青藏高原区 7945.82km²,各一级区的封禁治理面积比例见表 5-3-2。由此可知,封禁治理主要分布在南方红壤区、西南紫色土区,其次是西南岩溶区、东北黑土区、西北黄土高原区、北方土石山区,北方风沙区和青藏高原区也有少量分布。

(8)淤地坝。全国水土保持淤地坝 58446 座,其中:北方风沙区 18 座,北方土石山区 2274 座,西北黄土高原区 56150 座,青藏高原区 4 座,各一级区的淤地坝比例见表 5-3-2。由此可知,淤地坝绝大部分分布在西北黄土高原区,北方土石山区只有少量分布,北方风沙区和青藏高原区仅有个别分布，而东北黑土区、南方红壤区、西南紫色土区和西南岩溶区没有淤地坝。

第四节　大江大河流域水土保持措施情况

为实现流域与行政区划管理的有机结合，便于流域管理机构了解和掌握所辖范围内水土保持措施的类型、分布和数量，实施水土保持监督管理职责，基于水资源一级分区，按照大江大河流域（具体包括长江、黄河、海河、淮河、珠江、松辽、太湖七大流域，东南诸河、西南诸河、西北诸河、山东半岛、海南岛共 12 个区域）进行汇总统计。

一、各大江大河流域水土保持措施数量

在全国水土保持措施总面积 988637.62km² 中，长江流域 329003.48km²，黄河流域 207195.55km²，淮河流域 33946.88km²，海河流域 76478.69km²，珠江流域 59300.07km²，松辽流域 127879.08km²，太湖流域 6991.74km²，东南诸河 62409.26km²，西南诸河 37717.42km²，西北诸河 31724.26km²，山东半岛 15328.25km²，海南岛 662.94km²。各流域水土保持措施面积占全国水土保持措施总面积的比例见图 5-4-1。由此可知，长江流域水土保持措施面积最多，其次是黄河流域、松辽流域、海河流域、东南诸河、西南诸河、淮河流域、西北诸河，山东半岛、太湖流域和海南岛较少。各流域水土保持措施数量见表 5-4-1。

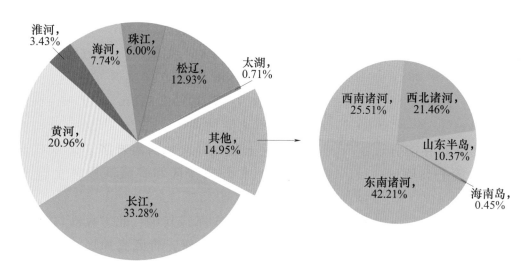

图 5-4-1　大江大河流域水土保持措施面积比例

表 5-4-1　　　　大江大河流域水土保持措施

流域	措施面积/km²										淤地坝		坡面水系工程		小型蓄水保土工程	
	小计	基本农田			水土保持林		经济林	种草	封禁治理	其他	数量/座	淤地面积/km²	控制面积/km²	长度/km	点状/个	线状/km
		梯田	坝地	其他	乔木林	灌木林										
合计	988637.62	170120.13	3379.48	26797.67	297871.95	113980.60	112301.21	41131.40	210211.47	12843.71	58446	927.58	9219.85	154577	8620212	806507.2
长江	329003.48	70590.39	174.64	1555.63	102857.14	19699.25	40720.98	7364.42	83651.40	2389.63	12	0.11	7111.06	128948.1	4155346	426335.4
黄河	207195.55	34087.67	2246.69	12710.83	42077.73	46265.13	13903.61	18987.64	34809.11	2107.14	58099	919.07	16.01	289.2	2126545	54611.5
淮河	33946.88	8024.46	265.36	3917.68	11647.48	1296.86	4623.02	36.54	3943.40	192.08	0	0.00	178.42	7259.9	202462	24899
海河	76478.69	7028.71	620.31	3557.38	29565.83	11494.24	9592.76	2015.98	12525.33	78.15	331	8.06	0.00	0	515846	21330.2
珠江	59300.07	19661.75	0.00	375.36	17463.97	2106.38	6621.74	863.73	12192.36	14.78	0	0.00	490.06	2560.9	498610	25738.1
松辽河	127879.08	6257.62	11.17	4418.37	50134.32	18994.96	8660.19	6667.10	27714.53	5020.82	0	0.00	275.75	5579	292532	163202.1
太湖	6991.74	535.73	0.00	0.00	2905.09	277.43	1186.54	6.69	1881.48	198.78	0	0.00	57.08	290.5	63023	5908.7
东南诸河	62409.26	12164.64	0.00	0.08	19015.08	1617.50	8598.03	345.72	19881.49	786.72	0	0.00	549.04	6572	157274	31600.9
西南诸河	37717.42	6342.60	0.00	24.81	8724.44	1835.14	14086.07	978.69	5478.89	246.78	4	0.34	461.94	2633.9	491409	37151.4
西北诸河	31724.26	229.00	61.31	203.87	7739.76	10283.28	620.96	3836.24	6973.03	1776.81	0	0.00	60.09	56.2	43913	7514.1
山东半岛	15328.25	5156.55	0.00	33.66	5258.35	110.43	3687.31	23.03	1058.92	0.00	0	0.00	0.00	0	71687	8153.1
海南岛	662.94	41.01	0.00	0.00	482.76	0.00	0.00	5.62	101.53	32.02	0	0.00	20.40	387.3	1565	62.7

二、各大江大河流域水土保持措施结构

（1）长江流域。水土保持措施总面积为 329003.48km²，其中：梯田 70590.39km²，坝地 174.64km²，其他基本农田 1555.63km²，乔木林 102857.14km²，灌木林 19699.25km²，经济林 40720.98km²，种草 7364.42km²，封禁治理 83651.40km²，其他措施 2389.63km²，各种水土保持措施面积结构见图 5-4-2。由此可见，在长江流域，乔木林、封禁治理和梯田为最主要的水土保持措施，占到措施总面积的 3/4 以上；而坝地、其他基本农田和种草面积相当少，仅仅只占措施总面积的 3% 左右。

（2）黄河流域。水土保持措施总面积为 207195.55km²，其中：梯田 34087.67km²，坝地 2246.69km²，其他基本农田 12710.83km²，乔木林 42077.73km²，灌木林 46265.13km²，经济林 13903.61km²，种草 18987.64km²，封禁治理 34809.11km²，其他措施 2107.14km²，各种水土保持措施面积结构见图 5-4-3。由此可见，在黄河流域，灌木林、乔木林、封禁治理和梯田的面积相当且总量较大，各自占到措施总面积的 1/6～1/5，总量占到措施总面积的 3/4 左右。

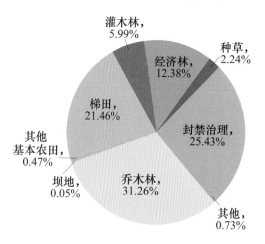

图 5-4-2　长江流域水土保持措施结构

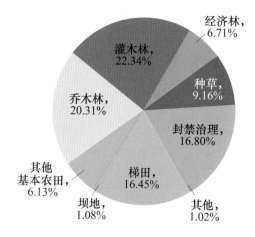

图 5-4-3　黄河流域水土保持措施结构

（3）淮河流域。水土保持措施总面积为 33946.88km²，其中：梯田 8024.46km²，坝地 265.36km²，其他基本农田 3917.68km²，乔木林 11647.48km²，灌木林 1296.86km²，经济林 4623.02km²，种草 36.54km²，封禁治理 3943.40km²，其他措施 192.08km²，各种水土保持措施面积结构见图 5-4-4。由此可见，在淮河流域，乔木林和梯田面积较大，分别占措施总面积的 23.64% 和 34.31%；经济林、封禁治理和其他基本农田面积相当，大约占措施总面积的 10%；而种草面积少之又少。

（4）海河流域。水土保持措施总面积为 76478.69km²，其中：梯田 7028.71km²，坝地 620.31km²，其他基本农田 3557.38km²，乔木林 29565.83km²，灌木林 11494.24km²，经济林 9592.76km²，种草 2015.98km²，封禁治理 12525.33km²，其他措施 78.15km²，各种水土保持措施结构见图 5-4-5。由此可见，在海河流域乔木林比例最大，大约占措施总面积的 2/5；其次是封禁治理、经济林和梯田，大约合计占到措施总面积的 2/5；而灌木林和种草面积较少。

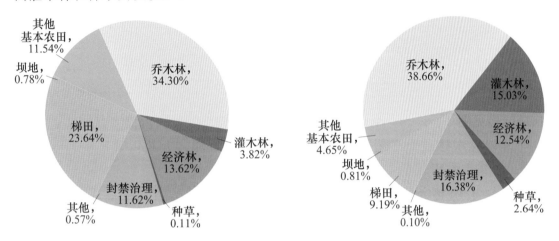

图 5-4-4　淮河流域水土保持措施结构　　图 5-4-5　海河流域水土保持措施结构

（5）珠江流域。水土保持措施总面积为 59300.07km²，其中：梯田 19661.75km²，其他基本农田 375.36km²，乔木林 17463.97km²，灌木林 2106.38km²，经济林 6621.74km²，种草 863.73km²，封禁治理 12192.36km²，其他措施 14.78km²，各种水土保持措施结构见图 5-4-6。由此可见，在珠江流域，梯田和乔木林的面积较大，分别占到措施总面积的 1/3 左右；其次为封禁治理和经济林；而种草较少。

（6）松辽流域。水土保持措施总面积为 127879.08km²，其中：梯田 6257.62km²，坝地 11.17km²，其他基本农田 4418.37km²，乔木林 50134.32km²，灌木林 18994.96km²，经济林 8660.19km²，种草 6667.10km²，封禁治理 27714.53km²，其他措施 5020.82km²，各种水土保持措施面积结构见图 5-4-7。由此可见，在松辽流域，以植物措施为主，大约占措施总面积的 3/5，其中又以乔木林最大（大约占到 2/5）；其次为封禁治理，大约占到措施总面积的 1/5；而基本农田较少，只有不到 1/10。

（7）太湖流域。水土保持措施总面积为 6991.74km²，其中：梯田 535.73km²，乔木林 2905.09km²，灌木林 277.43km²，经济林 1186.54km²，种草 6.69km²，封禁治理 1881.48km²，其他措施 198.78km²，各种水土保持

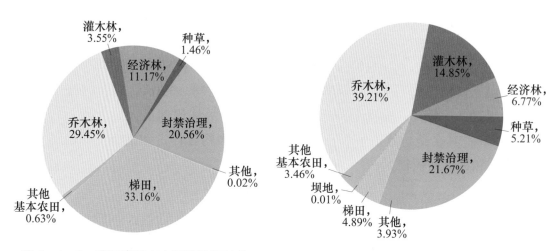

图 5-4-6 珠江流域水土保持措施结构　　图 5-4-7 松辽流域水土保持措施结构

措施结构见图 5-4-8。由此可见，以植物措施为主，大约占措施总面积的 3/5，其中又以乔木林最大（超过 2/5）；其次为封禁治理，大约占到措施总面积的 1/4；而基本农田较少，种草少之又少。

（8）东南诸河。水土保持措施总面积为 62409.26km²，其中：梯田 12164.64km²，其他基本农田 0.08km²，乔木林 19015.08km²，灌木林 1617.50km²，经济林 8598.03km²，种草 345.72km²，封禁治理 19881.49km²，其他措施 786.72km²，各种水土保持措施结构见图 5-4-9。由此可见，在东南诸河，以封禁治理、乔木林、梯田措施为主，大约占到措施总面积的 4/5；其他各项措施面积都很少，一共仅占到措施总面积的 1/5 左右，无坝地措施。

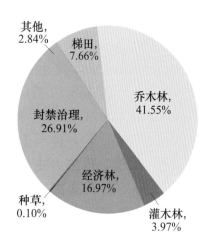

图 5-4-8　太湖流域水土
保持措施结构

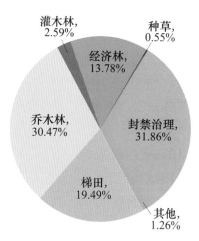

图 5-4-9　东南诸河水土
保持措施结构

（9）西南诸河。水土保持措施总面积为 37717.42km²，其中：梯田 6342.60km²，其他基本农田 24.81km²，乔木林 8724.44km²，灌木林 1835.14km²，经济林 14086.07km²，种草 978.69km²，封禁治理 5478.89km²，其他措施 246.78km²，各种水土保持措施结构见图 5-4-10。由此可见，在西南诸河，以经济林、乔木林最多，大约占到措施总面积的 3/5，其他基本农田、种草、其他措施面积较少，无坝地措施。

（10）西北诸河。水土保持措施总面积为 31724.26km²，其中：梯田 229.00km²，坝地 61.31km²，其他基本农田 203.87km²，乔木林 7739.76km²，灌木林 10283.28km²，经济林 620.96km²，种草 3836.24km²，封禁治理 6973.03km²，其他措施 1776.81km²，各种水土保持措施结构见图 5-4-11。由此可见，在西北诸河，以水土保持林（灌木林和乔木林）为主，大约占到措施总面积的 3/5；基本农田（梯田、坝地和其他基本农田）最少。

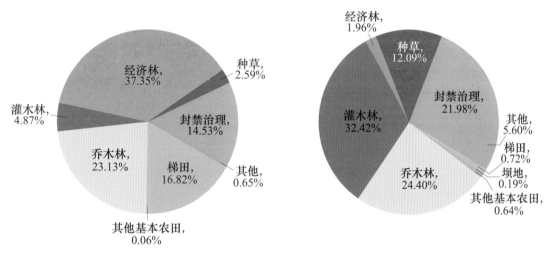

图 5-4-10　西南诸河水土
保持措施结构

图 5-4-11　西北诸河水土
保持措施结构

（11）山东半岛。水土保持措施总面积为 15328.25km²，其中：梯田 5156.55km²，其他基本农田 33.66km²，乔木林 5258.35km²，灌木林 110.43km²，经济林 3687.31km²，种草 23.03km²，封禁治理 1058.92km²，各种水土保持措施结构见图 5-4-12。由此可见，在山东半岛，以乔木林、梯田措施为主，大约占到措施总面积的 7/10；其他基本农田、灌木林、种草措施较少，无坝地和其他措施。

（12）海南岛。水土保持措施总面积为 662.94km²，其中：梯田 41.01km²，乔木林 482.76km²，种草 5.62km²，封禁治理 101.53km²，其他

措施 32.02km²，各种水土保持措施结构见图 5－4－13。由此可见，在海南岛，以乔木林措施为主，大约占到措施总面积的 7/10；其他各项措施面积都很少，无坝地、其他基本农田、灌木林和经济林。

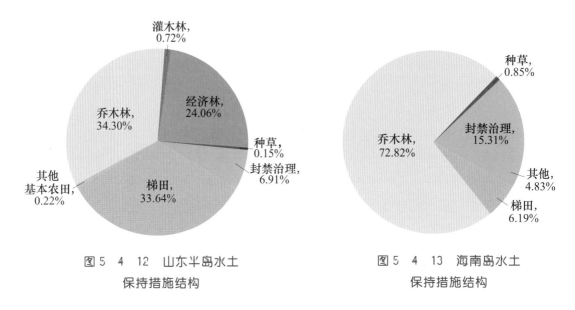

图 5　4　12　山东半岛水土
保持措施结构

图 5　4　13　海南岛水土
保持措施结构

三、各种水土保持措施在大江大河流域的分异

各大江大河流域各种水土保持措施占全国该类措施总面积比例见表 5－4－2。从全国各大江大河流域来看，长江、黄河、松辽流域水土保持措施总面积最多，占全国的 67.17%，其他各区域均不足 10%。从各单项措施来看，梯田主要分布在长江、黄河和珠江流域，占到全国的 73.09%；而太湖流域、西北诸河和海南岛梯田较少。坝地集中分布在黄河流域，占到全国的 66.48%；其次是海河流域，占到全国的 18.36%；其他区域坝地都很少。乔木林主要分布在长江、松辽和黄河流域，占到全国的 65.49%；山东半岛、太湖流域和海南岛很少分布。灌木林集中分布在黄河流域，占到全国的 40.59%；其次是长江、松辽、海河流域；太湖流域、山东半岛和海南岛分布很少。经济林主要分布在长江流域，占到全国的 36.26%；其次是西南诸河，黄河流域；太湖流域，西北诸河和海南岛分布较少。种草主要集中在黄河流域，占到全国的 46.16%；其次为长江和松辽流域；淮河流域、太湖流域、山东半岛、海南岛分布较少。封禁治理主要分布在长江流域，占到全国的 39.79%；其次为黄河和松辽流域，太湖流域、山东半岛、海南岛分布较少。淤地坝集中分布在黄河流域，占全国淤地坝总数量的 99.41%；海河流域有零星分布，仅占 0.57%。

表 5 - 4 - 2　　　　大江大河流域各种水土保持措施占全国该项

水土保持措施总面积比例　　　　　　　　%

流域	合计	梯田	坝地	其他基本农田	乔木林	灌木林	经济林	种草	封禁治理	淤地坝
长江	33.28	41.49	5.17	5.81	34.53	17.28	36.26	17.90	39.79	0.02
黄河	20.96	20.04	66.48	47.43	14.13	40.59	12.38	46.16	16.56	99.41
淮河	3.43	4.72	7.85	14.62	3.91	1.14	4.12	0.09	1.88	0.00
海河	7.74	4.13	18.36	13.27	9.93	10.08	8.54	4.90	5.96	0.57
珠江	6.00	11.56	0.00	1.40	5.86	1.85	5.90	2.10	5.80	0.00
松辽	12.93	3.68	0.33	16.49	16.83	16.67	7.71	16.21	13.18	0.00
太湖	0.71	0.31	0.00	0.00	0.98	0.24	1.06	0.02	0.90	0.00
东南诸河	6.31	7.15	0.00	0.09	6.38	1.42	7.66	0.84	9.46	0.00
西南诸河	3.82	3.73	0.00	0.09	2.93	1.61	12.54	2.38	2.61	0.00
西北诸河	3.21	0.13	1.81	0.76	2.60	9.02	0.55	9.33	3.32	0.01
山东半岛	1.55	3.03	0.00	0.13	1.77	0.10	3.28	0.06	0.50	0.00
海南岛	0.07	0.02	0.00	0.00	0.16	0.00	0.00	0.01	0.05	0.00

第五节　重点区域水土保持措施情况

重点区域（粮食主产区和重要经济区）水土保持措施数量见表 5 - 5 - 1 和表 5 - 5 - 2。各重点区域内的分区之间在水土保持措施的类型、面积以及结构上存在较大的分异，主要表现在各分区水土保持措施总面积的差异、各分区内水土保持措施结构的差异以及各种水土保持措施在分区比例的差异等 3 个方面。

一、各重点区域水土保持措施数量

（1）粮食主产区。粮食主产区水土保持措施总面积 324401.37km²，占全国水土保持措施面积的 32.81%。其中，东北平原 98807.98km²，汾渭谷地区 34593.18km²，甘新地区 9174.15km²，宁蒙河段区 15526.79km²，华南主产区 30545.04km²，黄淮海平原 45338.74km²，长江流域 90415.49km²。各分区水土保持措施面积占粮食主产区水土保持措施总面积的比例见图 5 - 5 - 1。由此可知，东北平原、长江流域水土保持措施面积最多，其次是汾渭谷地区、华南主产区和黄淮海平原，宁蒙河段区和甘新地区较少。

表 5 - 5 - 1　粮食主产区水土保持措施数量

粮食主产区	粮食主产带	措施面积/km²										淤地坝		坡面水系工程		小型蓄水保土工程	
		小计	基本农田			水土保持林		经济林	种草	封禁治理	其他	数量/座	淤地面积/km²	控制面积/km²	长度/km	点状/个	线状/km
			梯田	坝地	其他	乔木林	灌木林										
总计	小计	324401.37	60798.40	1013.91	13167.78	108209.99	32807.54	32901.82	10805.64	52928.22	5768.07	4932	127.51	4188.93	71156.7	3940285	397624.5
东北平原	小计	98807.98	5520.46	11.17	3747.27	40210.55	13797.34	6708.26	3979.26	20159.58	4674.09	0	0.00	266.06	5448.6	252926	126679.4
	辽河中下游区	54032.26	4224.47	10.87	2507.23	19472.30	10346.57	5393.76	2145.67	8307.72	1023.67	0	0.00	266.06	5448.6	118283	86640.6
	三江平原	6121.41	79.46	0.00	194.78	2860.45	446.79	157.75	120.17	1395.14	666.87	0	0.00	0.00	0	7996	14472.1
	松嫩平原	38654.31	1216.53	0.30	1045.26	17877.80	3003.98	1156.75	1713.42	9356.72	2983.55	3460	88.82	7.87	96.7	126647	25566.7
汾渭平原	汾渭谷地区	34593.18	8876.04	311.68	3196.90	10117.93	4482.34	2473.36	2772.38	2338.94	23.61	2	0.20	41.71	318.4	896028	2492.8
甘肃新疆	甘新地区	9174.15	372.99	85.11	228.13	2640.82	2571.67	320.43	691.45	2449.46	114.05	754	17.37	0.00	0	8703	278.2
河套灌区	宁蒙河段区	15526.79	291.77	214.51	642.59	1862.59	5480.68	491.22	2244.13	4499.20	0.10	0	0.00	411.97	3659.2	29186	11751.6
华南主产区	小计	30545.04	7794.28	0.00	5019.59	9170.24	1442.19	5487.45	560.47	5569.45	310.91	0	0.00	0.00	0	242193	15139.7
	粤桂丘陵区	3310.32	1516.73	0.00	1714.99	553.66	20.69	283.98	13.22	922.04	0.00	0	0.00	283.19	2145	5014	735.6
	云贵藏高原区	18844.72	4250.84	0.00	3222.01	6204.30	1238.02	3650.56	513.54	2796.32	181.09	0	0.00	128.78	1514.2	217242	10279.1
	浙闽区	8390.00	2026.71	0.00	82.59	2412.28	183.48	1552.91	33.71	2051.09	129.82	0	0.00	0.00	0	19937	4125
黄淮海平原	小计	45338.74	10539.68	391.44	323.25	16219.29	2227.43	6883.76	159.88	3681.02	216.65	716	21.12	0.00	0	260707	17663.5
	黄海平原	11679.04	867.51	61.28	85.28	4690.29	1227.40	1636.12	123.47	1327.99	29.99	33	0.39	0.00	0	71612	2959.3
	黄淮平原	21129.41	5020.11	330.16	237.97	7435.41	926.23	2433.81	23.89	1551.13	186.66	683	20.73	0.00	0	138231	9676.3
	山东半岛区	12530.29	4652.06	0.00	0.00	4093.59	73.80	2813.83	12.52	801.90	1.90	0	0.00	0.00	0	50864	5027.9
长江流域	小计	90415.49	27403.18	0.00	0.00	27988.57	2805.89	10537.34	398.07	20530.57	428.62	0	0.00	3461.32	61633.8	2250542	223613.3
	洞庭湖湖区	16161.21	8094.02	0.00	0.00	5109.51	0.00	1335.08	0.00	1622.60	0.00	0	0.00	423.12	1640.9	1457003	34273.5
	江汉平原	18040.61	2792.62	0.00	0.00	4703.25	738.41	2214.40	133.56	7050.00	323.09	0	0.00	1435.04	40643.7	269366	128177.7
	鄱阳湖湖区	20910.05	5058.01	0.00	0.00	6136.49	687.23	2718.49	146.81	5824.10	100.95	0	0.00	193.30	8639	50027	24082.5
	四川盆地区	32275.53	10679.81	0.00	0.00	10376.04	1362.65	3896.65	117.70	5828.10	4.58	0	0.00	1409.86	10710.2	368173	30627.7
	长江下游地区	3028.09	778.72	0.00	0.00	1663.28	17.60	372.72	0.00	195.77	0.00	0	0.00	0.00	0	105973	6457.9

表5-5-2 重要经济区水土保持措施数量

经济区类型	经济区名称	重点区域名称	措施面积/km²										淤地坝		坡面水系工程		小型蓄水保土工程	
			小计	基本农田			水土保持林		经济林	种草	封禁治理	其他	数量/座	淤地面积/km²	控制面积/km²	长度/km	点状/个	线状/km
				梯田	坝地	其他	乔木林	灌木林										
总计			541090.24	99311.57	2274.11	19565.52	172165.78	50988.98	64884.01	14304.99	113454.32	4140.96	30641	483.99	5620.00	77559.1	5052343	360209.7
优化开发区域		合计	105014.75	11461.07	42.00	3178.01	40405.84	8001.66	17425.39	1593.42	21444.22	1463.14	0	0.00	484.60	3284.6	632397	112143.5
	环渤海地区	小计	83395.06	7932.11	42.00	3178.01	33751.93	7529.05	14158.78	1547.85	14395.88	859.45	0	0.00	251.09	1636.2	394527	66032.1
		京津冀地区	37673.35	2063.74	42.00	670.63	13340.71	6474.30	5133.64	1451.25	6487.64	9.44	0	0.00	0.00	0.0	262017	19816.0
		辽中南地区	29304.52	893.87	0.00	2305.14	12402.20	909.73	5067.51	55.47	6820.59	850.01	0	0.00	251.09	1636.2	57111	33691.6
		山东半岛地区	16417.19	4974.50	0.00	202.24	6009.02	145.02	3957.63	41.13	1087.65	0.00	0	0.00	0.00	0.0	75399	12524.5
	长江三角洲地区		18470.97	2944.30	0.00	0.00	4826.21	397.73	2898.45	11.53	6789.68	603.07	0	0.00	209.95	1396.2	227057	45123.5
	珠江三角洲地区		3148.72	584.66	0.00	0.00	1827.70	74.88	368.16	34.04	258.66	0.62	0	0.00	23.56	252.2	10813	987.9
重要开发区域		合计	436075.49	87850.50	2232.11	16387.51	131759.94	42987.32	47458.62	12711.57	92010.10	2677.82	30641	483.99	5135.40	74274.5	4419946	248066.2
	北部湾地区		4563.13	2766.48	0.00	0.00	844.25	21.48	273.79	30.42	587.37	39.34	0	0.00	34.80	638.8	2927	686.6
	藏中南地区		471.52	61.53	0.00	0.31	174.56	10.45	1.97	134.27	10.90	77.53	0	0.00	0.00	0.0	351	10.5
	成渝地区	小计	58443.30	18370.10	0.00	0.00	18865.30	2267.96	8459.26	140.38	10340.30	0.00	0	0.00	2309.75	19385.1	681777	67125.6
		成都经济区	42266.36	13702.03	0.00	0.00	12975.65	1899.48	6237.76	119.14	7332.30	0.00	0	0.00	2309.75	19385.1	528813	23370.3
		重庆经济区	16176.94	4668.07	0.00	0.00	5889.65	368.48	2221.50	21.24	3008.00	0.00	0	0.00	0.00	0.0	153464	43755.3
	滇中地区		22354.31	4021.00	0.00	2.63	6902.57	891.74	3617.40	533.50	6347.50	37.97	0	0.00	939.42	5968.8	511909	13635.0
	东陇海地区		2773.13	1032.51	0.00	0.00	997.84	56.97	372.78	6.88	306.15	0.00	0	0.00	0.00	0.0	7136	677.1
	关中天水地区		26908.02	6324.48	24.13	2867.46	8186.09	1780.35	2963.31	896.62	3820.15	45.43	655	8.65	62.00	948.1	114406	2903.7

经济区类型	经济区名称	重点区域名称	措施面积/km²										淤地坝		坡面水系工程		小型蓄水保土工程	
			小计	基本农田			水土保持林			种草	封禁治理	其他	数量/座	淤地面积/km²	控制面积/km²	长度/km	点状/个	线状/km
				梯田	坝地	其他	乔木林	灌木林	经济林									
重要开发区域	哈长地区	小计	22349.23	627.25	0.00	292.20	11497.79	903.90	596.57	1031.21	6091.27	1309.04	0	0.00	0.00	0.0	94057	15501.1
		哈大齐工业走廊与牡绥地区	15424.54	593.90	0.00	241.46	7623.44	577.03	359.85	816.09	3906.92	1305.85	0	0.00	0.00	0.0	86270	12063.3
		长吉图经济区	6924.69	33.35	0.00	50.74	3874.35	326.87	236.72	215.12	2184.35	3.19	0	0.00	0.00	0.0	7787	3437.8
	海峡西岸经济区		63188.17	12976.43	0.00	118.72	20329.09	1589.40	8919.13	482.38	18416.20	356.82	0	0.00	503.48	20821.5	170050	54717.9
	呼包鄂榆地区		50855.32	2209.79	488.40	2014.52	5900.42	22567.48	1745.15	5157.57	10771.36	0.65	23492	399.36	0.00	0.0	480057	5552.1
	冀中南地区		13052.99	1865.72	12.91	258.36	5129.22	365.32	2750.47	10.12	660.57	0.30	0	0.00	0.00	0.0	115600	600.1
	江淮地区		8755.96	1818.58	0.00	0.12	4806.12	0.00	784.71	0.00	346.43	0.00	0	0.00	0.00	0.0	52104	1207.9
	兰州-西宁地区		11467.80	3476.59	135.02	1090.11	1260.04	2511.04	323.56	1602.06	1069.02	0.36	734	1.27	0.00	0.0	121673	369.0
	宁夏沿黄经济区		5619.63	0.00	9.79	664.89	694.24	361.20	354.03	564.23	2971.25	0.00	90	1.57	0.00	0.0	21569	281.3
	黔中地区		22175.92	6451.64	0.00	108.75	6205.29	459.63	3089.36	687.54	5173.71	0.00	0	0.00	0.00	0.0	139200	14053.9
	太原城市群		22037.02	3088.08	604.94	2043.25	8004.16	3647.98	1490.64	589.90	2475.95	92.12	3582	39.03	0.00	0.0	105179	1196.0
	天山北坡经济区		2040.12	0.00	0.34	0.00	1087.48	536.91	0.00	415.29	0.00	0.10	4	0.34	60.09	56.2	366	136.0
长江中游地区		小计	56094.37	15588.97	0.00	423.49	16926.81	1742.33	6827.05	299.55	12994.44	291.73	0	0.00	1225.86	26456.0	1460839	56821.1
	环长株潭城市群		13226.14	6655.62	0.00	361.91	4136.28		1486.63	0.00	947.61	0.00	0	0.00	379.32	1286.0	1262390	26355.4
	鄱阳湖生态经济区		32644.49	7719.98	0.00		9368.85	1162.66	3907.20	221.90	9412.87	189.12	0	0.00	362.95	12080.0	49422	21855.7
	武汉城市圈		10223.74	1213.37	0.00	61.58	3421.68	579.67	1433.22	77.65	3333.96	102.61	0	0.00	483.59	13089.9	149027	8610.0
	中原经济区		42925.55	7171.35	956.58	6502.70	13948.67	3273.18	4889.46	129.65	5627.53	426.43	2084	33.77	0.00	0.0	340746	12594.3

（2）重要经济区。重要经济区水土保持措施总面积 541090.24km²，占全国水土保持措施面积的 54.73%。其中，优化开发区 105014.75km²，重点开发区 436075.49km²。在优化开发区内，环渤海地区最多，为 83395.06km²，长江三角洲地区次之，为 18470.97km²，珠江三角洲地区最少，为 3148.72km²，各分区水土保持措施面积占优化开发区水土保持措施总面积的比例见图 5-5-2。

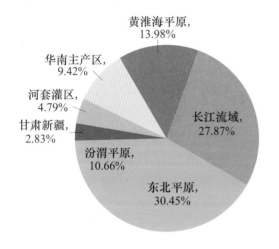

图 5-5-1　粮食主产区水土
保持措施面积比例

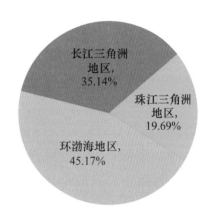

图 5-5-2　优化开发区水土
保持措施面积比例

在重点开发区内，海峡西岸经济区最多，为 63188.17km²，其次是成渝地区，为 58443.30km²，长江中游地区和呼包鄂榆地区也在 5 万 km² 以上，北部湾地区、藏中南地区、东陇海地区、江淮地区、宁夏沿黄经济区、天山北坡经济区分布很少，均不足 1 万 km²，各分区水土保持措施面积比例见图 5-5-3。

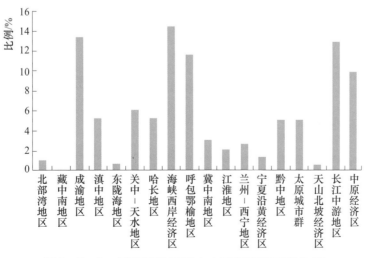

图 5-5-3　重要开发区域水土保持措施面积比例

二、各重点区域水土保持措施结构

（1）粮食主产区。粮食主产区水土保持措施总面积 324401.37km²，其中，梯田 60798.40km²，坝地 1013.91km²，其他基本农田 13167.78km²，乔木林 108209.99km²，灌木林 32807.54km²，经济林 32901.82km²，种草 10805.64km²，封禁治理 58928.22km²，其他 5768.07km²。各种水土保持措施面积结构见图 5-5-4。由此可见，在粮食主产区，乔木林、梯田和封禁治理是最主要的水土保持措施，大约占粮食主产区全部水土保持措施面积的 70%；而坝地、其他基本农田、种草和其他措施较少。

（2）重要经济区。重要经济区水土保持措施总面积 541090.23km²，其中，梯田 99311.57km²，坝地 2274.11km²，其他基本农田 19565.52km²，乔木林 172165.78km²，灌木林 50988.98km²，经济林 64884.01km²，种草 14304.99km²，封禁治理 113454.32km²，其他 4140.95km²。各种水土保持措施面积结构见图 5-5-5。由此可见，在重要经济区，乔木林、梯田和封禁治理是最主要的水土保持措施，大约占重要经济区全部水土保持措施面积的 71%；而坝地、其他基本农田、种草和其他措施较少。

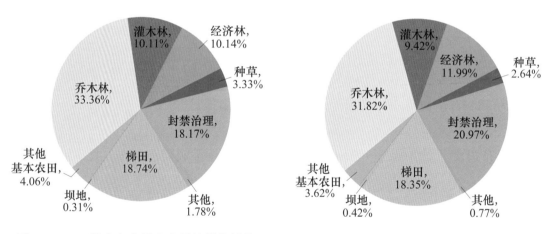

图 5-5-4　粮食主产区水土保持措施结构　　图 5-5-5　重要经济区水土保持措施结构

三、各重点区域水土保持措施的分异

（1）粮食主产区。从粮食主产区单项措施来看，梯田主要分布在长江流域，为 27403.18km²，大约占全部梯田总面积的 45%，甘肃新疆、河套灌区分布很少；坝地主要分布在黄淮海平原、汾渭平原和河套灌区，共 917.63km²，大约占全部坝地面积的 91%，其他区域分布很少；其他基本农田主要分布在东北平原、汾渭平原和黄淮海平原，共 11963.76km²，大约占全部其他基本农田面积的 91%，其他区域分布很少；乔木林主要分布在东北平原，为 40210.55km²，大约占全部乔木林面积的 37%，甘肃新疆和河套灌区分布很少；灌木林主要分布在东北平原，为 13797.34km²，大约占全部灌木林面积的 42%，华南主产区分布最少；经济林主要分布在长江流域，为 10537.34km²，大约占全部经济林面积的 32%，甘肃新疆和河套灌区分布很少；种草主要分布在东北平原，为 3979.26km²，大约占全部种草面积的 37%，甘肃新疆、华南主产区、长江流域、黄淮海平原分布很少；封禁治理主要分布在长江流域和东北平原，为 40690.15km²，大约占全部封禁治理面积的 69%，甘肃新疆和汾渭平原分布很少；淤地坝共 4932 座，主要分布在汾渭平原，为 3460 座，大约占全部淤地坝数量的 70%，剩余淤地坝主要分布在河套灌区和黄淮海平原，其他区域基本无淤地坝分布。各项水土保持措施面积占粮食主产区该项措施总面积的比例见表 5-5-3。

（2）重要经济区。从重要经济区单项措施来看，梯田主要分布在成渝地区，为 18370.10km²，大约占梯田总面积的 18%，宁夏沿黄经济区、天山北坡经济区、藏中南地区基本无分布；坝地主要分布在中原经济区，为 956.58km²，大约占全部坝地面积的 42%，太原城市群、呼包鄂渝地区也有部分坝地，其他区域分布很少；其他基本农田主要分布在中原经济区，为 6502.70km²，大约占全部其他基本农田面积的 33%，环渤海地区、关中-天水地区、呼包鄂渝地区、黔中地区有部分其他基本农田，其他区域分布很少；乔木林主要分布在环渤海地区，为 33751.93km²，大约占全部乔木林面积的 20%，北部湾地区、藏中南地区、天山北坡经济区、东陇海地区、宁夏沿黄经济区分布很少；灌木林主要分布在呼包鄂渝地区，为 22567.48km²，大约占全部灌木林面积的 44%，环渤海地区、成渝地区、兰州-西宁工业区、太原城市群、中原经济区有部分灌木林，其他区域分布很少；经济林主要分布在环渤海地区，为 14158.78km²，大约占全部经济林面积的 22%，成渝地区、海峡西岸经济区、长江中游地区、中原工业区有部分经济林，其他区域分布很少；种草主要分布在呼包鄂渝地区，为 5157.57km²，大约占全部种草面积的 36%，环渤海地区、成渝地区、哈长地区、兰州-西宁工业区有部分种草，其他区域分布很少；封禁治理主要分布在海峡西岸经济区，为 18416.20km²，大约占全部封禁治理面积的 16%，环渤海地区、成渝地区、呼包鄂渝地区、长江中游地区有部分封禁治理，其他区域分布较少；淤地坝共 30641 座，主要分布在呼包鄂渝地区，为 23492 座，大约占全部淤地坝数量的 77%，剩余淤地坝主要分布在关中-天水地区、兰州-西宁工业区、太原城市群、中原经济区，其他区域基本无淤地坝。各项水土保持措施面积占重要经济区该项措施总面积的比例见表 5-5-4。

表 5－5－3　　　　　粮食主产区各项水土保持措施面积占粮食
主产区该项措施总面积的比例　　　　　　　　　%

粮食主产区	粮食主产带	比例①	梯田	坝地	其他基本农田	乔木林	灌木林	经济林	种草	封禁治理	淤地坝
东北平原	小计	30.47	9.08	1.08	28.46	37.15	42.06	20.39	36.82	34.22	0.00
	辽河中下游区	16.66	6.95	1.08	19.04	17.99	31.54	16.39	19.86	15.12	0.00
	三江平原	1.89	0.13	0.00	1.48	2.64	1.36	0.48	1.11	2.71	0.00
	松嫩平原	11.92	2.00	0.00	7.94	16.52	9.16	3.52	15.85	16.39	0.00
汾渭平原	汾渭谷地区	10.66	14.60	30.77	24.28	9.35	13.66	7.52	25.65	3.97	70.15
甘肃新疆	甘新地区	2.83	0.61	8.38	1.73	2.44	7.84	0.97	6.39	3.65	0.04
河套灌区	宁蒙河段区	4.79	0.48	21.20	4.88	1.72	16.71	1.49	20.77	7.30	15.29
华南主产区	小计	9.42	12.82	0.00	0.08	8.47	4.39	16.68	5.19	9.78	0.00
	粤桂丘陵区	1.02	2.50	0.00	0.00	0.51	0.06	0.86	0.12	1.56	0.00
	云贵藏高原区	5.81	6.99	0.00	0.08	5.73	3.77	11.10	4.76	4.74	0.00
	浙闽区	2.59	3.33	0.00	0.00	2.23	0.56	4.72	0.31	3.48	0.00
黄淮海平原	小计	13.97	17.34	38.56	38.12	14.98	6.79	20.92	1.48	6.24	14.52
	黄海平原	3.60	1.43	6.02	13.02	4.33	3.74	4.97	1.14	2.25	0.67
	黄淮平原	6.51	8.26	32.54	24.47	6.87	2.82	7.40	0.22	2.63	13.85
	山东半岛区	3.86	7.65	0.00	0.63	3.78	0.23	8.55	0.12	1.36	0.00
长江流域	小计	27.87	45.07	0.00	2.46	25.87	8.54	32.02	3.69	34.83	0.00
	洞庭湖湖区	4.98	13.31	0.00	0.00	4.72	0.00	4.06	0.00	2.75	0.00
	江汉平原区	5.56	4.59	0.00	0.65	4.35	2.25	6.73	1.24	11.96	0.00
	鄱阳湖湖区	6.45	8.32	0.00	1.81	5.67	2.09	8.26	1.36	9.88	0.00
	四川盆地区	9.95	17.57	0.00	0.00	9.59	4.15	11.84	1.09	9.91	0.00
	长江下游地区	0.93	1.28	0.00	0.00	1.54	0.05	1.13	0.00	0.33	0.00

①　水土保持措施的面积占粮食生产区（带）面积的比例。

表 5 - 5 - 4　重要经济区各项水土保持措施面积占重要经济区该项措施总面积的比例

%

经济区类型	经济区名称	重点区域	比例①	梯田	坝地	其他基本农田	乔木林	灌木林	经济林	种草	封禁治理	淤地坝
		合计	19.40	11.54	1.85	16.24	23.46	15.69	26.86	11.13	18.90	0.00
优化开发区域	环渤海地区	小计	15.41	7.99	1.85	16.24	19.60	14.76	21.81	10.81	12.69	0.00
		京津冀地区	6.96	2.08	1.85	3.43	8.91	12.70	7.91	10.14	5.72	0.00
		辽中南地区	5.42	0.90	0.00	11.78	7.20	1.78	7.81	0.38	6.01	0.00
		山东半岛地区	3.03	5.01	0.00	1.03	3.49	0.28	6.10	0.29	0.96	0.00
	长江三角洲地区		3.41	2.96	0.00	0.00	2.80	0.78	4.47	0.08	5.98	0.00
	珠江三角洲地区		0.58	0.59	0.00	0.00	1.06	0.15	0.57	0.24	0.23	0.00
重要开发区域		合计	80.58	88.47	98.16	83.77	76.52	84.29	73.13	88.86	81.11	100.00
	北部湾地区		0.84	2.79	0.00	0.00	0.49	0.04	0.42	0.21	0.52	0.00
	藏中南地区		0.09	0.06	0.00	0.00	0.10	0.02	0.00	0.94	0.01	0.00
	成渝地区	小计	10.80	18.50	0.00	0.00	10.96	4.44	13.03	0.98	9.11	0.00
		成都经济区	7.81	13.80	0.00	0.00	7.54	3.72	9.61	0.83	6.46	0.00
		重庆经济区	2.99	4.70	0.00	0.00	3.42	0.72	3.42	0.15	2.65	0.00
	滇中地区		4.13	4.05	0.00	0.02	4.01	1.75	5.57	3.73	5.60	0.00
	东陇海地区		0.51	1.04	0.00	0.00	0.58	0.11	0.57	0.05	0.27	0.00
	关中-天水地区		4.97	6.37	1.06	14.65	4.75	3.49	4.57	6.27	3.37	2.14

续表

经济区类型	经济区名称	重点区域	比例①	梯田	坝地	其他基本农田	乔木林	灌木林	经济林	种草	封禁治理	淤地坝
	哈长地区	小计	4.13	0.63	0.00	1.49	6.68	1.77	0.92	7.20	5.37	0.00
		哈大齐工业走廊与牡绥地区	2.85	0.60	0.00	1.23	4.43	1.13	0.55	5.70	3.44	0.00
		长吉图经济区	1.28	0.03	0.00	0.26	2.25	0.64	0.37	1.50	1.93	0.00
		海峡西岸经济区	11.68	13.07	0.00	0.62	11.81	3.12	13.75	3.37	16.23	0.00
		呼包鄂榆地区	9.40	2.23	21.46	10.30	3.43	44.26	2.69	36.06	9.49	76.67
		冀中南地区	2.41	1.88	0.57	1.32	2.98	0.72	4.24	0.07	2.35	0.00
		江淮地区	1.62	1.83	0.00	0.00	2.79	0.00	1.21	0.00	1.19	0.00
重要开发区域		兰州—西宁地区	2.12	3.50	5.94	5.57	0.73	4.92	0.50	11.20	0.94	2.40
		宁夏沿黄经济区	1.04	0.00	0.44	3.40	0.40	0.71	0.55	3.94	2.62	0.29
		黔中地区	4.10	6.50	0.00	0.56	3.60	0.90	4.76	4.81	4.56	0.00
		太原城市群	4.07	3.11	26.61	10.44	4.65	7.15	2.30	4.12	2.18	11.69
		天山北坡经济区	0.38	0.00	0.00	0.00	0.63	1.05	0.00	2.90	0.00	0.01
	长江中游地区	小计	10.36	15.69	0.00	2.17	9.83	3.42	10.52	2.10	12.34	0.00
		环长株潭城市群	2.44	6.70	0.00	0.00	2.40	0.00	2.29	0.00	0.84	0.00
		鄱阳湖生态经济区	6.03	7.77	0.00	1.85	5.44	2.28	6.02	1.55	8.56	0.00
		武汉城市圈	1.89	1.22	0.00	0.32	1.99	1.14	2.21	0.55	2.94	0.00
		中原经济区	7.93	7.22	42.08	33.2?	8.10	6.42	7.53	0.91	4.96	6.80

① 水土保持措施的面积占粮食生产区（带）面积的比例。

附录 A 第一次全国水利普查野外
调查单元分类表

附表 A1　　　　　　　　　　　　野外调查单元土地利用现状分类表

一级类		二级类		含　义
编码	名称	编码	名称	
01	耕地			种植农作物的土地，包括熟地，新开发、复垦、整理地，休闲地（含轮歇地、轮作地）；以种植农作物（含蔬菜）为主，间有零星果树、桑树或其他树木的土地；平均每年能保证收获一季的已垦滩地和海涂。耕地中包括南方宽度＜1.0m、北方宽度＜2.0m固定的沟、渠、路和地坎（埂）；临时种植药材、草皮、花卉、苗木等的耕地，以及其他临时改变用途的耕地
		011	水田	用于种植水稻、莲藕等水生农作物的耕地，包括实行水生、旱生农作物轮种的耕地
		012	水浇地	有水源保证和灌溉设施，在一般年景能正常灌溉，种植旱生农作物的耕地，包括种植蔬菜等的非工厂化的大棚用地
		013	旱地	无灌溉设施，主要靠天然降水种植旱生农作物的耕地，包括没有灌溉设施，仅靠引洪淤灌的耕地
02	园地			种植以采集果、叶、根、茎、汁等为主的集约经营的多年生木本和草本作物，覆盖度＞50%或每亩株数大于合理株数70%的土地，包括用于育苗的土地
		021	果园	种植果树的园地
		022	茶园	种植茶树的园地
		023	其他园地	种植桑树、橡胶、可可、咖啡、油棕、胡椒、药材等其他多年生作物的园地
03	林地			生长乔木、竹类、灌木的土地，及沿海生长红树林的土地。包括迹地，不包括居民点内部的绿化林木用地，铁路、公路征地范围内的林木，以及河流、沟渠的护堤林
		031	天然林地	树木郁闭度≥0.2的天然乔木林地，包括红树林地和竹林地
		032	人工林地	树木郁闭度≥0.2的人工种植乔木林地
		033	其他林地	包括疏林地（指树木郁闭度≥0.1、＜0.2的林地）、未成林地、迹地、苗圃等林地
		034	灌木林地	灌木覆盖度≥40%的林地

一级类		二级类		含 义
编码	名称	编码	名称	
04	草地			生长草本植物为主的土地
		041	天然牧草地	以天然草本植物为主，用于放牧或割草的草地
		042	人工牧草地	人工种植牧草的草地
05	居民点及工矿用地	051	城镇居民点	城镇用于生活居住的各类房屋用地及其附属设施用地，包括普通住宅、公寓、别墅等用地
		052	农村居民点	农村用于生活居住的宅基地
		053	独立工矿用地	主要用于工业生产、物资存放的土地
		054	商服及公共用地	主要用于商业、服务业以及机关团体、新闻出版、科教文卫、风景名胜、公共设施等的土地
		055	特殊用地	用于军事设施、涉外、宗教、监教、殡葬等的土地
06	交通运输用地			用于运输通行的地面线路、场站等的土地，包括民用机场、港口、码头、地面运输管道和各种道路用地
07	水域及水利设施用地			河流水面、湖泊水面、水库水面、坑塘水面、沿海滩涂、内陆滩涂、沟渠、水工建筑用地、冰川及永久积雪等用地。不包括滞洪区和已垦滩涂中的耕地、园地、林地、居民点、道路等用地
08	其他土地			上述地类以外的其他类型的土地，包括盐碱地、沼泽地、沙地、裸地等

注 本表参考《土地利用现状分类》(GB/T 21010—2007)和 1984 年制订的《土地利用现状调查技术规程》，以《土地利用现状分类》(GB/T 21010—2007)为主制作完成。

附表 A2　　　　**野外调查单元水土保持措施分类表**

一级类		二级类		三级类		含义描述
代码	名称	代码	名称	代码	名称	
01	生物措施	0101	植树	010101	人工乔木林	采取人工种植乔木林措施，以防治水土流失
				010102	人工灌木林	采取人工种植灌木林措施，以防治水土流失
				010103	人工混交林	采取人工种植两个或两个以上树种组成的森林措施，以防治水土流失
				010104	飞播乔木林	采取飞机播种方式种植乔木林措施，以防治水土流失
				010105	飞播灌木林	采取飞机播种方式种植灌木林措施，以防治水土流失

一级类		二级类		三级类		含义描述
代码	名称	代码	名称	代码	名称	
01	生物措施	0101	植树	010106	飞播混交林	采取飞机播种方式种植两个或两个以上树种组成的森林措施，以防治水土流失
				010107	经果林	采取人工种植经济果树林措施，以防治水土流失
				010108	农田防护林	主林带走向应垂直于主风向，或呈不大于30°～45°的偏角。主林带与副林带垂直；如因地形、地物限制，主、副林带可以有一定交角。主带宽8～12m，副带宽4～6m；地少人多地区，主带宽5～6m，副带宽3～4m。林带的间距应按乔木主要树种壮龄时期平均高度的15～20倍计算。主林带和副林带交叉处只在一侧留出20m宽缺口，便于交通
				010109	四旁林	在非林地中村旁、宅旁、路旁、水旁栽植的树木
		0102	种草	010201	人工种草	采取人工种种草措施，以防治水土流失
				010202	飞播种草	采取飞机播种种草措施，以防治水土流失
				010203	草水路	为防止沿坡面的沟道冲刷而采用的种草护沟措施。草水路用于沟道改道或阶地沟道出口，沿坡面向下，处理径流进入水系或其他出口。可以利用天然的排水沟或草间水沟。一般用在坡度小于11°的坡面
		0103	封育	010301	封山育乔木林	原始植被遭到破坏后，通过围栏封禁，严禁人畜进入，经长期恢复为乔木林
				010302	封山育灌木林	原始植被遭到破坏后，通过围栏封禁，严禁人畜进入，经长期恢复为灌木林
				010303	封坡育草	由于过度放牧等导致草场退化，通过围栏封禁，严禁牲畜进入，同时采取改良措施
				010304	生态恢复乔木林	原始植被遭到破坏后，通过政策、法规、及其他管理办法等，限制人畜进入，经长期恢复为乔木林
				010305	生态恢复灌木林	原始植被遭到破坏后，通过政策、法规、及其他管理办法等，限制人畜进入，经长期恢复为灌木林
				010306	生态恢复草地	由于过度放牧等导致草场退化，通过政策、法规、及其他管理办法等，限制牲畜进入，经长期恢复为草地
		0104	轮牧			不同年份或不同季节进行轮流放牧，使草场恢复的措施

一级类		二级类		三级类		含义描述
代码	名称	代码	名称	代码	名称	
02	工程措施	0201	梯田	020101	土坎水平梯田	田面宽度，陡坡区一般 5～15m，缓坡区一般 20～40m；田边蓄水埂高 0.3～0.5m，顶宽 0.3～0.5m，内外坡比约 1∶1。黄土高原水平梯田的修建多为就地取材，以黄土修建地埂
				020102	石坎水平梯田	长江流域以南地区，多为土石山区或石质山区，坡耕地土层中多夹石砾、石块。修筑梯田时就地取材修筑石坎梯田。修筑石坎的材料可分为条石、块石、卵石、片石、土石混合。石坎外坡坡度一般为 1∶0.75；内坡接近垂直，顶宽 0.3～0.5m
				020103	坡式梯田	在较为平缓的坡地上沿等高线构筑挡水拦泥土埂，埂间仍维持原有坡面不动，借雨水冲刷和逐年翻耕，使埂间坡面渐渐变平，最终成为水平梯田。埂顶宽 30～40cm。埂高 50～60cm，外坡 1∶0.5，内坡 1∶1。根据地面坡度情况，一般是地面坡度越陡，沟埂间距越小；地面坡度越缓，沟埂间距越大。根据地区降雨情况，一般雨量和降雨强度大的地区沟埂间距小些，雨量和降雨强度小的地区沟埂间距应大些
				020104	隔坡梯田	根据拦蓄利用径流的要求，在坡面上修建的每一台水平梯田，其上方都留出一定面积的原坡面不修，坡面产生的径流拦蓄于下方的水平田面上，这种平、坡相间的复式梯田布置形式，叫做隔坡梯田。隔坡梯田适应的地面坡度（15°～25°），水平田宽一般 5～10m，坡度缓的可宽些，坡度陡的可窄些。以水平田面宽度为 1，则斜坡部分的宽度比例可为 1∶1～1∶3（或者更大）
		0202	软埝			在小于 8°的缓坡上，横坡每隔一定距离，做一条埝子，埝的两坡坡度很缓。时间久了，通过软埝，可以把坡地变成梯田
		0203	坡面小型蓄排工程			防治坡面水土流失的截水沟、排水沟、蓄水池、沉沙池等工程
				020301	截水沟	当坡面下部是梯田或林草，上部是坡耕地或荒坡时，应在其交界处布设截水沟

一级类		二级类		三级类		含义描述
代码	名称	代码	名称	代码	名称	
02	工程措施	0203	坡面小型蓄排工程	020302	排水沟	一般布设在坡面截水沟的两端，用以排除截水沟不能容纳的地表径流。排水沟的终端连接蓄水池或天然排水道
				020303	蓄水池	一般布设在坡脚或坡面局部低凹处，与排水沟的终端相连，以容蓄坡面排水
				020304	沉沙池	一般布设在蓄水池进水口的上游附近。排水沟排出的水，先进入沉沙池，泥沙沉淀后，再将清水排入池中
		0204	水平阶（反坡梯田）			适用于 $15°\sim25°$ 的陡坡，阶面宽 $1.0\sim1.5m$，具有 $3°\sim5°$ 反坡，也称反坡梯田。上下两阶间的水平距离，以设计的造林行距为准。要求在暴雨中，各水平台间斜坡径流在阶面上能全部或大部分容纳入渗，以此确定阶面宽度、反坡坡度，调整阶间距离
		0205	水平沟			适用于 $15°\sim25°$ 的陡坡。沟口上宽 $0.6\sim1.0m$，沟底宽 $0.3\sim0.5m$，沟深 $0.4\sim0.6m$，沟由半挖半填做成，内侧挖出的生土用在外侧作梗，树苗植于沟底外侧。根据设计的造林行距和坡面暴雨径流情况，确定上下两沟的间距和沟的具体尺寸
		0206	鱼鳞坑			坑平面呈半圆形，长径 $0.8\sim1.5m$，短径 $0.5\sim0.8m$；坑深 $0.3\sim0.5m$，坑内取土在下沿做成弧状土埂，高 $0.2\sim0.3m$（中部较高，两端较低）。各坑在坡面基本上沿等高线布设，上下两行坑口呈"品"字形错开排列，坑的两端开挖宽深各约 $0.2\sim0.3m$、倒"八"字形的截水沟
		0207	大型果树坑			在土层极薄的土石山区或丘陵区种植果树时，需在坡面开挖大型果树坑，深 $0.8\sim1.0m$，圆形直径 $0.8\sim1.0m$，方形各边长 $0.8\sim1.0m$，取出坑内石砾或生土，将附近表土填入坑内

一级类		二级类		三级类		含义描述
代码	名称	代码	名称	代码	名称	
02	工程措施	0208	路旁、沟底小型蓄引工程	020801	水窖	一种地下埋藏式蓄水工程。主要设在村旁、路旁、有足够地表径流来源的地方。窖址应有深厚坚实的土层，距沟头、沟边20m以上，距大树根10m以上，在土质地区和岩石地区都有应用。在土质地区的水窖多为圆形断面，可分为圆柱形、瓶形、烧杯形、坛形等，其防渗材料可采用水泥砂浆抹面、黏土或现浇混凝土；岩石地区水窖一般为矩形宽浅式，多采用浆砌石砌筑
				020802	涝池	主要修于路旁，用于拦蓄道路径流，防止道路冲刷与沟头前进；同时可供饮牲口和洗涤之用
		0209	沟头防护	020901	蓄水型沟头防护	主要是用来制止坡面暴雨径流由沟头进入沟道或使之有控制的进入沟道，制止沟头前进。当沟头以上坡面来水量不大，沟头防护工程可以全部拦蓄时，采用蓄水型
				020902	排水型沟头防护	主要是用来制止坡面暴雨径流由沟头进入沟道或使之有控制的进入沟道，制止沟头前进。当沟头以上坡面来水量较大，蓄水型防护工程不能完全拦蓄，或由于地形、土质限制，不能采用蓄水型时，应采用排水型沟头防护
		0210	谷坊			主要修建在沟底比降较大（5%～10%或更大）、沟底下切剧烈发展的沟段。其主要作用是巩固并抬高沟床，制止沟底下切，稳定沟坡，制止沟岸扩张（沟坡崩塌、滑塌、泻溜等）。谷坊分土谷坊、石谷坊、植物谷坊三类
				021001	土谷坊	由填土夯实筑成，适宜于土质丘陵区。土谷坊一般高3～5m
				021002	石谷坊	由浆砌或干砌石块建成，适于石质山区或土石山区。干砌石谷坊一般高1.5m左右，浆砌石谷坊一般高3.5m左右
				021003	植物谷坊	多由柳桩打入沟底，织梢编篱，内填石块而成，统称柳谷坊。柳谷坊一般高1.0m左右

一级类		二级类		三级类		含义描述
代码	名称	代码	名称	代码	名称	
02	工程措施	0211	淤地坝			在沟壑中筑坝拦泥，巩固并抬高侵蚀基准面，减轻沟蚀，减少入河泥沙，变害为利，充分利用水沙资源的一项水土保持治沟工程措施
				021101	小型淤地坝	一般坝高 5～15m，库容 1 万～10 万 m^3，淤地面积 0.2～2hm^2（1hm^2＝$10^4 m^2$），修在小支沟或较大支沟的中上游，单坝集水面积 1km^2 以下，建筑物一般为土坝与溢洪道或土坝与泄水洞两大件
				021102	中型淤地坝	一般坝高 15～25m，库容 10 万～50 万 m^3，淤地面积 2～7hm^2，修在较大支沟下游或主沟的中上游，单坝集水面积 1～3km^2，建筑物少数为土坝、溢洪道、泄水洞三大件，多数为土坝与溢洪道或土坝与泄水洞两大件
				021103	大型淤地坝	一般坝高 25m 以上，库容 50 万～500 万 m^3，淤地面积 7hm^2 以上，修在主沟的中、下游或较大支沟下游，单坝集水面积 3～5km^2 或更多，建筑物一般是土坝、溢洪道、泄水洞三大件齐全
		0212	引洪漫地			在暴雨期间引用坡面、道路、沟壑与河流的洪水，淤漫耕地或荒滩的工程
		0213	崩岗治理工程	021301	截水沟	布设在崩口顶部外沿 5m 左右，从崩口顶部正中向两侧延伸。截水沟长度以能防止坡面径流进入崩口为准，一般 10～20m，特殊情况下可延伸到 40～50m
				021302	崩壁小台阶	一般宽 0.5～1.0m，高 0.8～1.0m，外坡坡度：实土 1：0.5，松土 1：0.7～1：1.0；阶面向内呈 5°～10°反坡
				021303	土谷坊	坝体断面一般为梯形。坝高 1～5m，顶宽 0.5～3m，底宽 2～25.5m，上游坡比 1：05～1：2，下游坡比 1：1.0～1：2.5
				021304	拦沙坝	与土谷坊相似

一级类		二级类		三级类		含义描述
代码	名称	代码	名称	代码	名称	
02	工程措施	0214	引水拉沙造地			有水源条件的风沙区采用引水或抽水拉沙造地
				021401	引水渠	比降为 0.5%～1.0%，梯形断面，断面尺寸随引水量大小而定。边坡 1∶0.5～1∶1
				021402	蓄水池	池水高程应高于拉沙造地的沙丘高程，可利用沙湾或人工围埂修成，形状不限
				021403	冲沙壕	比降应在 1% 以上，开壕位置和形式有多种
				021404	围埂	平面形状应为规整的矩形或正方形，初修时高 0.5～0.8m，随地面淤沙升高而加高；梯形断面顶宽 0.3～0.5m，内外坡比 1∶1
				021405	排水口	高程与位置应随着围埂内地面的升高而变动，保持排水口略高于淤泥面而低于围埂
		0215	沙障固沙			沙障是用柴草、活性沙生植物的枝茎或其他材料平铺或直立于风蚀沙丘地面，以增加地面糙度，削弱近地层风速，固定地面沙粒，减缓和制止沙丘流动
				021501	带状沙障	沙障在地面呈带状分布，带的走向垂直于主风向
				021502	网状沙障	沙障在地面呈方格状（或网状）分布，主要用于风向不稳定，除主风向外，还有较强侧向风的地方
03	耕作措施	0301	等高耕作			在坡耕地上顺等高线（或与等高线呈 1%～2% 的比降）进行耕作
		0302	等高沟垄种植			在坡耕地上顺等高线（或与等高线呈 1%～2% 的比降）进行耕作，形成沟垄相间的地面，以容蓄雨水，减轻水土流失。播种时起垄，由牲畜带犁完成。在地块下边空一犁宽地面不犁，从第二犁位置开始，顺等高线犁出第一条犁沟，向下翻土，形成第一道垄，垄顶至沟底深约 20～30cm，将种子、肥料洒在犁沟内
		0303	垄作区田			在传统垄作基础上，按一定距离在垄沟内修筑小土挡，成为区田

一级类		二级类		三级类		含义描述
代码	名称	代码	名称	代码	名称	
03	耕作措施	0304	掏钵（穴状）种植			适用于干旱、半干旱地区。在坡耕地上沿等高线用锄挖穴（掏钵），穴距 30～50cm，以作物行距为上下两行穴间行距（一般为 60～80cm），穴的直径 20～50cm，深约 20～40cm，上下两行穴的位置呈"品"字形错开。挖穴取出的生土在穴下方做成小土埂，再将穴底挖松，从第二穴位置上取出 10cm 表土至于第一穴，施入底肥，播下种子
		0305	抗旱丰产沟			用于土层深厚的干旱、半干旱地区。顺等高线方向开挖，宽、深、间距均为 30cm，沟内保留熟土，地埂由生土培成
		0306	休闲地水平犁沟			在坡耕地内，从上到下，每隔 2～3m 沿等高线或与等高线保持 1%～2% 的比降，做一道水平犁沟。犁时向下方翻土，使沟下方形成一道土垅，以拦蓄雨水。为加大沟垅容蓄能力，可在同一位置翻犁两次，加大沟深和垅高
		0307	中耕培垄			中耕时，在每棵作物根部培土堆，高 10cm 左右，并把这些土堆子串连起来，形成一个一个的小土堆，以拦蓄雨水
		0308	草田轮作			适用于人多地少的农区或半农半牧区，特别是原来有轮歇、撂荒习惯的地区。主要指作物与牧草的轮作
		0309	间作与套种			要求两种（或两种以上）不同作物同时或先后种植在同一地块内，增加对地面的覆盖程度和延长对地面的覆盖时间，减少水土流失。间作，两种不同作物同时播种。套种，在同一地块内，前季作物生长的后期，在其行间或株间播种或移栽后季作物
		0310	横坡带状间作			基本上沿等高线，或与等高线保持 1%～2% 的比降，条带宽度一般 5～10m，两种作物可取等宽或分别采取不同宽度，陡坡地条带宽度小些，缓坡地条带宽度大些
		0311	休闲地绿肥			作物收获前，在作物行间顺等高线地面播种绿肥植物，作物收获后，绿肥植物加快生长，迅速覆盖地面

一级类		二级类		三级类		含义描述
代码	名称	代码	名称	代码	名称	
03	耕作措施	0312	留茬少耕			在传统耕作基础上,尽量减少整地次数和减少土层翻动,将作物秸秆残茬覆盖在地表的措施,作物种植之后残茬覆盖度至少达到30%
		0313	免耕			作物播种前不单独进行耕作,直接在前茬地上播种,在作物生育期间不使用农机具进行中耕松土的耕作方法。一般留茬在50%~100%就认定为免耕
		0314	轮作			在同一块田地上,有顺序地在季节间或年间轮换种植不同的作物或复种组合的一种种植方式

注 1. 本表参照《水土保持综合治理技术规范》(GB/T 16453.1—1996)等编写。

2. "轮作"是二级水土保持措施类型,其下的三级分类名称和代码详见附表 A3 全国轮作制度区划及轮作措施的三级分类表。

附表 A3 全国轮作制度区划及轮作措施的三级分类表

一级区	一级区名	二级区	二级区名	代码	名 称
Ⅰ	青藏高原喜凉作物一熟轮歇区	Ⅰ1	藏东南川西河谷地喜凉一熟区	031401A	春小麦→春小麦→春小麦→休闲或撂荒
				031401B	小麦→豌豆
				031401C	冬小麦→冬小麦→冬小麦→休闲
		Ⅰ2	海北甘南高原喜凉一熟轮歇区	031402A	春小麦→春小麦→春小麦→休闲或撂荒
				031402B	小麦→豌豆
				031402C	冬小麦→冬小麦→冬小麦→休闲
Ⅱ	北部中高原半干旱喜凉作物一熟区	Ⅱ1	后山坝上晋北高原山地半干旱喜凉一熟区	031403A	大豆→谷子→糜子
		Ⅱ2	陇中青东宁中南黄土丘陵半干旱喜凉一熟区	031404A	春小麦→荞麦→休闲
				031404B	豌豆(扁豆)→春小麦→马铃薯
				031404C	豌豆(扁豆)→春小麦→谷麻
Ⅲ	北部低高原易旱喜温一熟区	Ⅲ1	辽吉西蒙东南冀北半干旱喜温一熟区	031405A	大豆→谷子→马铃薯→糜子
		Ⅲ2	黄土高原东部易旱喜温一熟区	031406A	小麦→马铃薯→豆类
				031406B	豆类→谷→高粱→马铃薯

一级区	一级区名	二级区	二级区名	代码	名　称
Ⅲ	北部低高原易旱喜温一熟区	Ⅲ2	黄土高原东部易旱喜温一熟区	031406C	豌豆扁豆→小麦→小麦→糜
				031406D	大豆→谷→马铃薯→糜
		Ⅲ3	晋东半湿润易旱一熟填闲区	031407A	玉米‖大豆→谷子
		Ⅲ4	渭北陇东半湿润易旱冬麦一熟填闲区	031408A	豌豆→冬小麦→冬小麦→冬小麦→谷糜
				031408B	油菜→冬小麦→冬小麦→冬小麦→谷糜
Ⅳ	东北平原丘陵半湿润喜温作物一熟区	Ⅳ1	大小兴安岭山麓岗地喜凉一熟区	031409A	春小麦→春小麦→大豆
				031409B	春小麦→马铃薯→大豆
		Ⅳ2	三江平原长白山地凉温一熟区	031410A	春小麦→谷子→大豆
				031410B	春小麦→玉米→大豆
				031410C	春小麦→春小麦→大豆→玉米
		Ⅳ3	松嫩平原喜温一熟区	031411A	大豆→玉米→高粱→玉米
		Ⅳ4	辽河平原丘陵温暖一熟填闲区	031412A	大豆→高粱→谷子→玉米
				031412B	大豆→玉米→玉米→高粱
				031412C	大豆→玉米→高粱→玉米
Ⅴ	西北干旱灌溉一熟兼二熟区	Ⅴ1	河套河西灌溉一熟填闲区	031413A	春小麦→春小麦→玉米→马铃薯
				031413B	春小麦→春小麦→玉米（糜子）
				031413C	小麦→小麦→谷糜→豌豆
		Ⅴ2	北疆灌溉一熟填闲区	031414A	冬小麦→冬小麦→玉米
		Ⅴ3	南疆东疆绿洲二熟一熟区	031415A	冬小麦-玉米
				031415B	棉→棉→棉→高粱→瓜类
				031415C	冬小麦→玉米→棉花→油菜/草木樨
Ⅵ	黄淮海平原丘陵水浇地二熟旱地二熟一熟区	Ⅵ1	燕山太行山山前平原水浇地套复二熟旱地一熟区	031416A	小麦-夏玉米
				031416B	小麦-大豆
				031416C	小麦/花生
				031416D	小麦/玉米
		Ⅵ2	黑龙港缺水低平原水浇地二熟旱地一熟区	031417A	麦-玉米
				031417B	麦-谷

一级区	一级区名	二级区	二级区名	代码	名　称
VI	黄淮海平原丘陵水浇地二熟旱地二熟一熟区	VI3	鲁西北豫北低平原水浇地粮棉二熟一熟区	031418A	小麦-玉米
		VI4	山东丘陵水浇地二熟旱坡地花生棉花一熟区	031419A	甘薯→花生→谷子
				031419B	棉花→花生
				031419C	麦-玉米→麦-玉米
				031419D	小麦-玉米
		VI5	黄淮平原南阳盆地旱地水浇地二熟区	031420A	小麦-大豆
				031420B	小麦-玉米
				031420C	小麦-甘薯
		VI6	汾渭谷地水浇地二熟旱地一熟二熟区	031421A	麦-玉米
				031421B	麦-甘薯
		VI7	豫西丘陵山地旱地坡地一熟水浇地二熟区	031422A	马铃薯/玉米
				031422B	小麦-夏玉米→春玉米
				031422C	小麦-谷子→春玉米
VII	西南中高原山地旱地二熟一熟水田二熟区	VII1	秦巴山区旱地二熟一熟兼水田二熟区	031423A	麦/玉米
				031423B	油菜-玉米
				031423C	麦-甘薯
		VII2	川鄂湘黔低高原山地水田旱地二熟兼一熟区	031424A	油菜-甘薯
				031424B	小麦-甘薯
				031424C	油菜-花生
				031424D	麦-玉米
		VII3	贵州高原水田旱地二熟一熟区	031425A	小麦-甘薯
				031425B	油菜-甘薯
				031425C	麦-玉米
		VII4	云南高原水田旱地二熟一熟区	031426A	小麦-玉米
				031426B	冬闲-春玉米‖豆
				031426C	冬闲-夏玉米‖豆
		VII5	滇黔边境高原山地河谷旱地一熟二熟水田二熟区	031427A	马铃薯/玉米两熟
				031427B	马铃薯/大豆
				031427C	小麦/玉米

一级区	一级区名	二级区	二级区名	代码	名　称
VIII	江淮平原丘陵麦稻二熟区	VIII 1	江淮平原麦稻二熟兼旱三熟区	031428A	小麦-玉米
				031428B	小麦-甘薯
				031428C	小麦-大豆
		VIII 2	鄂豫皖丘陵平原水田旱地二熟兼旱三熟区	031429A	麦-玉米
				031429B	麦-花生
				031429C	麦-甘薯
				031429D	麦-豆类
IX	四川盆地水旱二熟兼三熟区	IX 1	盆西平原水田麦稻二熟填闲区	031430A	小麦-玉米
				031430B	小麦-甘薯
				031430C	油菜-玉米
				031430D	油菜-甘薯
		IX 2	盆东丘陵低山水田旱地二熟三熟区	031431A	麦-玉米
				031431B	麦-甘薯
				031431C	油菜-玉米
				031431D	油菜-甘薯
X	长江中下游平原丘陵水田三熟二熟区	X 1	沿江平原丘陵水田旱三熟二熟区	031432A	麦-甘薯
				031432B	麦-玉米
				031432C	麦-棉
				031432D	油菜-甘薯
		X 2	两湖平原丘陵水田中三熟二熟区	031433A	麦-甘薯
				031433B	麦-玉米
				031433C	麦-棉
				031433D	油菜-甘薯
XI	东南丘陵山地水田旱地二熟三熟区	XI 1	浙闽丘陵山地水田旱地三熟二熟区	031434A	甘薯-小麦
				031434B	甘薯-马铃薯
				031434C	玉米-小麦
				031434D	玉米-马铃薯
		XI 2	南岭丘陵山地水田旱地二熟三熟区	031435A	春花生-秋甘薯
				031435B	春玉米-秋甘薯
		XI 3	滇南山地旱地水田二熟兼三熟区	031436A	低山玉米‖豆一年一熟

续表

一级区	一级区名	二级区	二级区名	代码	名　称
XII	华南丘陵沿海平原晚三熟热三熟区	XII 1	华南低丘平原晚三熟区	031437A	花生（大豆）-甘薯
				031437B	玉米-油菜
				031437C	玉米/黄豆
				031437D	玉米-甘薯
		XII 2	华南沿海西双版纳台南二熟三熟与热作区	031438A	玉米-甘薯

注 1. 本表分区和耕作制度及其名称依据刘巽浩，韩湘玲等（1987）编著的《中国耕作制度区划》制定。

2. 表中"名称"栏符号意义："-"表示年内作物的轮作顺序；"→"表示年际或多年的轮作顺序；"/"表示套作；"‖"表示间作。

3. 各二级区包括的县级行政区详见《中国耕作制度区划县（市）名录》。由于该区划完成于20世纪80年代，轮作制度和行政区变化很大，应用时请根据当地实际情况调整。

附录B 重点区域基本情况

本次普查数据汇总的重点区域包括重要经济区（城市群）、粮食主产区，基本情况如下。

一、粮食主产区

根据《全国主体功能区规划》确定的"七区二十三带"为主体的农产品主产区中涉及的粮食主产区，结合黑龙江、辽宁、吉林、内蒙古、河北、江苏、安徽、江西、山东、河南、湖北、湖南、四川等13个粮食主产省（自治区）和《全国新增1000亿斤粮食生产能力规划（2009—2020年）》所确定的800个粮食增产县，以及《现代农业发展规划（2011—2015年）》所确定的重要粮食主产区等，综合分析确定全国粮食主产区范围为"七区十七带"，涉及26个省级行政区，221个地级行政区，共计898个粮食主产县（市、区、旗）。粮食主产区划分情况见表B-1。

表B-1　　　　　　　　　　粮食主产区划分情况表

序号	粮食主产区	粮食产业带	省级行政区	地级行政区数量/个	县级行政区数量/个
		合计		37	155
		三江平原	黑龙江	7	23
		松嫩平原	小计	15	81
			黑龙江	5	41
1	东北平原		吉林	8	32
			内蒙古	2	8
		辽河中下游区	小计	15	51
			辽宁	13	37
			内蒙古	2	14

序号	粮食主产区	粮食产业带	省级行政区	地级行政区数量/个	县级行政区数量/个
2	黄淮海平原	合计		54	296
		黄海平原	小计	18	126
			河北	10	79
			山东	3	22
			河南	5	25
		黄淮平原	小计	26	138
			江苏	5	25
			安徽	8	27
			山东	3	20
			河南	10	66
		山东半岛区	山东	10	32
3	长江流域	合计		66	234
		洞庭湖湖区	湖南	13	56
		江汉平原区	湖北	11	36
		鄱阳湖湖区	江西	10	42
		长江下游地区	小计	13	37
			江苏	6	18
			浙江	1	3
			安徽	6	16
		四川盆地区	小计	19	63
			重庆	2	11
			四川	17	52
4	汾渭平原	合计		18	59
		汾渭谷地区	山西	7	25
			陕西	7	24
			宁夏	1	2
			甘肃	3	8

序号	粮食主产区	粮食产业带	省级行政区	地级行政区数量/个	县级行政区数量/个
5	河套灌区	合计		9	21
		宁蒙河段区	内蒙古	5	13
			宁夏	4	8
6	华南主产区	合计		22	81
		浙闽区	小计	4	20
			浙江	1	3
			福建	3	17
		粤桂丘陵区	小计	7	20
			广东	2	5
			广西	5	15
		云贵藏高原区	小计	11	41
			贵州	2	11
			云南	5	20
			西藏	4	10
7	甘肃新疆	合计		15	52
		甘新地区	甘肃	5	11
			新疆	10	41
总计 7 个粮食主产区，17 个粮食主产带，涉及 26 个省级行政区				221	898

（1）东北平原主产区。建设以优质粳稻为主的水稻产业带，以籽粒与青贮兼用型玉米为主的专用玉米产业带，以高油大豆为主的大豆产业带，以肉牛、奶牛、生猪为主的畜产品产业带。

（2）黄淮海平原主产区。建设以优质强筋、中强筋和中筋小麦为主的优质专用小麦产业带，优质棉花产业带，以籽粒与青贮兼用和专用玉米为主的专用玉米产业带，以高蛋白大豆为主的大豆产业带，以肉牛、肉羊、奶牛、生猪、家禽为主的畜产品产业带。

（3）长江流域主产区。建设以双季稻为主的优质水稻产业带，以优质弱筋和中筋小麦为主的优质专用小麦产业带，优质棉花产业带，"双低"优质油菜产业带，以生猪、家禽为主的畜产品产业带，以淡水鱼类、河蟹为主的水产品产业带。

（4）汾渭平原主产区。建设以优质强筋、中筋小麦为主的优质专用小麦产业带，以籽粒与青贮兼用型玉米为主的专用玉米产业带。

（5）河套灌区主产区。建设以优质强筋、中筋小麦为主的优质专用小麦产业带。

（6）华南主产区。建设以优质高档籼稻为主的优质水稻产业带，甘蔗产业带，以对虾、罗非鱼、鳗鲡为主的水产品产业带。

（7）甘肃新疆主产区。建设以优质强筋、中筋小麦为主的优质专用小麦产业带，优质棉花产业带。

粮食主产区是我国粮食生产的重点区域，担负着我国大部分的粮食生产任务。全国粮食主产区国土面积 273 万 km²，约占全国国土总面积的 28%；总耕地面积 10.2 亿亩，约占全国耕地总面积的 56%；总灌溉面积 6.4 亿亩，约占全国总灌溉面积的 64%。粮食总产量 4.05 亿 t，约占全国粮食总产量的 74.1%。

二、重要经济区

《全国主体功能区规划》确定了我国"两横三纵"的城市化战略格局，包括环渤海地区、长三角地区、珠三角地区 3 个国家级优先开发区域和冀中南地区、太原城市群等 18 个国家层面重点开发区域。

国家优先开发区域是指具备以下条件的城市化地区：综合实力较强，能够体现国家竞争力；经济规模较大，能支撑并带动全国经济发展；城镇体系比较健全，有条件形成具有全球影响力的特大城市群；内在经济联系紧密，区域一体化基础较好；科学技术创新实力较强，能引领并带动全国自主创新和结构升级。国家重点开发区域是指具备以下条件的城市化地区：具备较强的经济基础，具有一定的科技创新能力和较好的发展潜力；城镇体系初步形成，具备经济一体化的条件，中心城市有一定的辐射带动能力，有可能发展成为新的大城市群或区域性城市群；能够带动周边地区发展，且对促进全国区域协调发展意义重大。

3 大国家级优先开发区域和 18 个国家层面重点开发区域简称为重要经济区，共 27 个国家级重要经济区，涉及 31 个省级行政区、212 个地级行政区和 1754 个县级行政区。全国重要经济区国土面积 284.1 万 km²，约占全国总面积的 29.6%；常住人口 9.8 亿，约占全国总人口的 73%；地区生产总值 41.9 万亿元，约占全国地区生产总值的 80%。全国重要经济区域名录见表 B-2。

表 B-2　　　　　　　　　　　重要经济区划分情况表

序号	经济区名称	重点区域	所涉及的行政区		
			省级行政区	重点地区	县级行政区数量/个
1	环渤海地区	京津冀地区	北京	城区、卫星城镇及工业园区	16
			天津	城区、卫星城镇及工业园区	16
			河北	唐山市、秦皇岛市、沧州市、廊坊市、张家口市、承德市	72
		辽中南地区	辽宁	沈阳市、鞍山市、辽阳市、抚顺市、本溪市、铁岭市、营口市、大连市、盘锦市、锦州市、葫芦岛市、丹东市	84
		山东半岛地区	山东	青岛市、烟台市、威海市、潍坊市、淄博市、东营市、滨州市	60
2	长江三角洲地区		上海	城区、卫星城镇及工业园区	18
			江苏	南京市、镇江市、扬州市、南通市、泰州市、苏州市、无锡市、常州市	65
			浙江	杭州市、湖州市、嘉兴市、宁波市、绍兴市、舟山市、台州市	54
3	珠江三角洲地区		广东	广州市、深圳市、珠海市、佛山市、肇庆市、东莞市、惠州市、中山市、江门市	47
4	冀中南地区		河北	石家庄市、保定市、邯郸市、邢台市、衡水市	95
5	太原城市群		山西	忻州市、阳泉市、长治市、太原市、汾阳市、晋中市	50
6	呼包鄂榆地区		内蒙古	呼和浩特市、包头市、鄂尔多斯市、乌海市	29
			陕西	榆林市	12
7	哈长地区	哈大齐工业走廊与牡绥地区	黑龙江	哈尔滨市、大庆市、齐齐哈尔市、牡丹江市	52
		长吉图经济区	吉林	长春市、吉林市、延吉市、松原市、图们市、龙井市	26
8	东陇海地区		山东	日照市	4
			江苏	连云港市、徐州市	15

序号	经济区名称	重点区域	所涉及的行政区		县级行政区数量/个
			省级行政区	重点地区	
9	江淮地区		安徽	滁州市、合肥市、安庆市、池州市、铜陵市、芜湖市、马鞍山市、宣城市	56
10	海峡西岸经济区		福建	福州市、厦门市、泉州市、莆田市、漳州市、宁德市、南平市、三明市、龙岩市	84
			浙江	温州市、丽水市、衢州市	26
			广东	汕头市、揭阳市、潮州市、汕尾市、梅州市	26
			江西	赣州市	18
11	中原经济区		河南	安阳市、鹤壁市、新乡市、焦作市、濮阳市、郑州市、开封市、平顶山市、许昌市、漯河市、商丘市、信阳市、周口市、驻马店市、洛阳市、三门峡市、济源市、南阳市	157
			山西	晋城市、运城市	19
			安徽	宿州市、淮北市、阜阳市、亳州市、蚌埠市、淮南市	30
			山东	聊城市、菏泽市、泰安市	18
12	长江中游地区	武汉城市圈	湖北	武汉市、黄石市、黄冈市、鄂州市、孝感市、咸宁市、仙桃市、潜江市、天门市	47
		环长株潭城市群	湖南	长沙市、株洲市、湘潭市、岳阳市、益阳市、衡阳市、常德市、娄底市	64
		鄱阳湖生态经济区	江西	南昌市、九江市、景德镇市、鹰潭市、新余市、抚州市、宜春市、上饶市、吉安市	76
13	北部湾地区		广西	南宁市、北海市、钦州市、防城港市	24
			广东	湛江市	9
			海南	海口市、三亚市、琼海市、文昌市、万宁市、东方市、儋州市、三沙市	21

序号	经济区名称	重点区域	所涉及的行政区		县级行政区数量/个
			省级行政区	重点地区	
14	成渝地区	重庆经济区	重庆	19个市辖区及潼南县、铜梁县、大足县、荣昌县、璧山县、梁平县、丰都县、垫江县、忠县、开县、云阳县、石柱县等12个县	31
		成都经济区	四川	成都市、德阳市、绵阳市、乐山市、雅安市、眉山市、资阳市、遂宁市、自贡市、泸州市、内江市、南充市、宜宾市、达州市、广安市	115
15	黔中地区		贵州	贵阳市、遵义市、安顺市、毕节地区和都匀市、凯里市等2个县级市	39
16	滇中地区		云南	昆明市、曲靖市、楚雄市、玉溪市	42
17	藏中南地区		西藏	拉萨市、日喀则市、那曲县、泽当镇、八一镇	12
18	关中-天水地区		陕西	西安市、咸阳市、宝鸡市、铜川市、渭南市、商洛市	59
			甘肃	天水市	7
19	兰州-西宁地区		甘肃	兰州市、白银市	12
			青海	西宁市、互助县、乐都、平安区、格尔木市	10
20	宁夏沿黄经济区		宁夏	银川市、吴忠市、石嘴山市、中卫市	13
21	天山北坡地区		新疆	乌鲁木齐市、昌吉市、阜康市、石河子市、五家渠市、克拉玛依市、博乐市、乌苏市、奎屯市、伊宁市、伊宁县、精河县、察布查尔县、霍城县、沙湾县和霍尔果斯口岸	24

总计27个国家级重要经济区，涉及31个省级行政区，212个地级行政区，1754个县级行政区

附录C 第一次全国水利普查
水土保持情况公报

按照国务院的决定，2010年至2012年开展第一次全国水利普查，普查的标准时点为2011年12月31日，时期资料为2011年度，普查范围为中华人民共和国境内（未含香港特别行政区、澳门特别行政区和台湾省）。作为第一次全国水利普查的重要内容，水土保持情况普查首次运用野外调查与定量评价相结合的方法查清了土壤侵蚀的面积、分布与强度；首次采用地面调查与遥感技术相结合的方法，查清了西北黄土高原区和东北黑土区的侵蚀沟道的数量、分布与面积；采用资料分析与实地考察相结合的方法，查清了现有水土保持措施的类型、数量与分布。依据《中华人民共和国水土保持法》有关规定，根据《第一次全国水利普查公报》，现将水土保持情况普查分省分项主要结果公布如下。

一、土壤侵蚀

土壤侵蚀总面积294.91万 km^2，占普查范围总面积的31.12%，其中，水力侵蚀129.32万 km^2，风力侵蚀165.59万 km^2。各省（自治区、直辖市）的水力侵蚀和风力侵蚀各级强度的面积与比例分别见表C-1和表C-2。

表C-1 各省（自治区、直辖市）水力侵蚀各级强度面积与比例

省（自治区、直辖市）	水力侵蚀总面积 /km²	各级强度的水力侵蚀面积及比例									
		轻 度		中 度		强 烈		极强烈		剧 烈	
		面积 /km²	比例 /%	面积 /km²	比例 /%	面积 /km²	比例 /%	面积 /km²	比例 /%	面积 /km²	比例 /%
合计	1293246	667597	51.62	351448	27.18	168687	13.04	76272	5.90	29242	2.26
北京	3202	1746	54.53	1031	32.20	341	10.65	70	2.19	14	0.43
天津	236	108	45.76	60	25.43	59	25.00	6	2.54	3	1.27
河北	42135	22397	53.15	13087	31.06	4565	10.84	1464	3.47	622	1.48
山西	70283	26707	38.00	24172	34.39	14069	20.02	4277	6.09	1058	1.50
内蒙古	102398	68480	66.88	20300	19.82	10118	9.88	2923	2.86	577	0.56
辽宁	43988	21975	49.96	12005	27.29	6456	14.68	2769	6.29	783	1.78

续表

省 （自治区、 直辖市）	水力侵蚀 总面积 /km²	各级强度的水力侵蚀面积及比例									
		轻　度		中　度		强　烈		极强烈		剧　烈	
		面积 /km²	比例 /%	面积 /km²	比例 /%	面积 /km²	比例 /%	面积 /km²	比例 /%	面积 /km²	比例 /%
吉林	34744	17297	49.78	9044	26.03	4342	12.50	2777	7.99	1284	3.70
黑龙江	73251	36161	49.37	18343	25.04	11657	15.91	5459	7.45	1631	2.23
上海	4	2	50.00	2	50.00	0	0.00	0	0.00	0	0.00
江苏	3177	2068	65.08	595	18.73	367	11.55	133	4.19	14	0.45
浙江	9907	6929	69.94	2060	20.80	582	5.88	177	1.78	159	1.60
安徽	13899	6925	49.82	4207	30.27	1953	14.05	660	4.75	154	1.11
福建	12181	6655	54.64	3215	26.40	1615	13.26	428	3.50	268	2.20
江西	26497	14896	56.22	7558	28.52	3158	11.92	776	2.93	109	0.41
山东	27253	14926	54.77	6634	24.34	3542	13.00	1727	6.33	424	1.56
河南	23464	10180	43.39	7444	31.72	4028	17.17	1444	6.15	368	1.57
湖北	36903	20732	56.18	10272	27.83	3637	9.86	1573	4.26	689	1.87
湖南	32288	19615	60.75	8687	26.90	2515	7.79	1019	3.16	452	1.40
广东	21305	8886	41.71	6925	32.50	3535	16.59	1629	7.65	330	1.55
广西	50537	22633	44.79	14395	28.48	7371	14.59	4804	9.50	1334	2.64
海南	2116	1171	55.34	666	31.47	190	8.98	45	2.13	44	2.08
重庆	31363	10644	33.94	9520	30.35	5189	16.54	4356	13.89	1654	5.28
四川	114420	48480	42.37	35854	31.34	15573	13.61	9748	8.52	4765	4.16
贵州	55269	27700	50.12	16356	29.59	6012	10.88	2960	5.36	2241	4.05
云南	109588	44876	40.95	34764	31.72	15860	14.47	8963	8.18	5125	4.68
西藏	61602	28650	46.51	23637	38.37	5929	9.63	2084	3.38	1302	2.11
陕西	70807	48221	68.10	2124	3.00	14679	20.73	4569	6.45	1214	1.72
甘肃	76112	30263	39.76	25455	33.45	12866	16.90	5407	7.10	2121	2.79
青海	42805	26563	62.06	10003	23.37	3858	9.01	2179	5.09	202	0.47
宁夏	13891	6816	49.07	4281	30.82	2065	14.86	526	3.79	203	1.46
新疆	87621	64895	74.06	18752	21.40	2556	2.92	1320	1.51	98	0.11

表 C-2　　各省（自治区、直辖市）风力侵蚀各级强度面积与比例

省（自治区、直辖市）	水力侵蚀总面积/km²	各级强度的水力侵蚀面积及比例									
		轻度		中度		强烈		极强烈		剧烈	
		面积/km²	比例/%	面积/km²	比例/%	面积/km²	比例/%	面积/km²	比例/%	面积/km²	比例/%
合计	1655916	716016	43.24	217422	13.13	218159	13.17	220382	13.31	283937	17.15
河北	4961	3498	70.52	1310	26.40	153	3.08	0	0.00	0	0.00
山西	63	61	96.83	2	3.17	0	0.00	0	0.00	0	0.00
内蒙古	526624	232674	44.18	46463	8.82	62090	11.79	82231	15.62	103166	19.59
辽宁	1947	1794	92.15	117	6.01	1	0.05	25	1.28	10	0.51
吉林	13529	8462	62.55	3142	23.22	1908	14.10	17	0.13	0	0.00
黑龙江	8687	4294	49.43	3172	36.51	1214	13.98	7	0.08	0	0.00
四川	6622	6502	98.19	109	1.65	6	0.09	5	0.07	0	0.00
西藏	37130	14525	39.12	5553	14.96	17052	45.92	0	0.00	0	0.00
陕西	1879	734	39.06	154	8.20	682	36.30	308	16.39	1	0.05
甘肃	125075	24972	19.97	11280	9.02	11325	9.05	33858	27.07	43640	34.89
青海	125878	51913	41.24	20507	16.29	26737	21.24	19950	15.85	6771	5.38
宁夏	5728	2562	44.73	405	7.07	482	8.41	2094	36.56	185	3.23
新疆	797793	364025	45.63	125208	15.69	96509	12.10	81887	10.26	130164	16.32

二、侵蚀沟道

西北黄土高原区侵蚀沟道数量。西北黄土高原区侵蚀沟道共计 666719 条。其中，黄土丘陵沟壑区侵蚀沟道 556425 条，占 83.46%；黄土高塬沟壑区侵蚀沟道 110294 条，占 16.54%。

东北黑土区侵蚀沟道数量。东北黑土区侵蚀沟道共计 295663 条。其中，松花江流域侵蚀沟道 224529 条，占 75.94%；辽河流域侵蚀沟道 71134 条，占 24.06%。

各省（自治区）侵蚀沟道的数量及比例见表 C-3。

表 C - 3　　　　　　各省（自治区）侵蚀沟道数量与比例

区域	省（自治区）	沟道数量 /条	占区域比例 /%	占侵蚀沟道总数比例 /%
	合计	962382		
西北黄土高原区	区域小计	666719		69.28
	山西	108908	16.33	11.32
	内蒙古	39069	5.86	4.06
	河南	40941	6.14	4.25
	陕西	140857	21.13	14.64
	甘肃	268444	40.26	27.89
	青海	51797	7.77	5.38
	宁夏	16703	2.51	1.74
东北黑土区	区域小计	295663		30.72
	内蒙古	69957	23.66	7.27
	辽宁	47193	15.96	4.90
	吉林	62978	21.30	6.54
	黑龙江	115535	39.08	12.01

三、水土保持措施

（一）水土保持措施面积

水土保持措施面积 99.16 万 km^2。其中，工程措施 20.03 万 km^2，植物措施 77.85 万 km^2，其他措施 1.28 万 km^2。各省（自治区、直辖市）水土保持措施面积见表 C - 4。

（二）黄土高原淤地坝

共有淤地坝 58446 座，淤地面积 927.57 km^2，各省（自治区）淤地坝的数量及其占总数量的比例见表 C - 5。其中，库容在 50 万 m^3 至 500 万 m^3 的治沟骨干工程 5655 座，总库容 57.01 亿 m^3。

表 C - 4　　　　各省（自治区、直辖市）水土保持措施面积

省 （自治区、直辖市）	小计 /km^2	工程措施 /km^2	植物措施 /km^2	其他措施 /km^2
合计	991619.6	200297.2	778478.8	12843.6
北京	4630.0	552.6	4077.4	0.0

续表

省 （自治区、直辖市）	小计 /km²	工程措施 /km²	植物措施 /km²	其他措施 /km²
天津	784.9	26.4	758.5	0.0
河北	45311.4	4334.3	40967.4	9.7
山西	50482.4	14247.7	36093.1	141.6
内蒙古	104256.3	5493.9	98588.5	173.9
辽宁	41714.3	5055.4	35564.1	1094.8
吉林	14954.5	800.5	14146.7	7.3
黑龙江	26563.6	1552.2	21255.3	3756.1
上海	3.6	0.0	3.6	0.0
江苏	6491.4	2361.6	4129.8	0.0
浙江	36013.1	4122.5	30917.8	972.8
安徽	14926.7	2421.2	12505.5	0.0
福建	30643.1	8316.3	22326.8	0.0
江西	47109.0	11346.3	35537.7	225.0
山东	32796.8	11785.5	21011.3	0.0
河南	31019.5	8904.6	21691.4	423.5
湖北	50251.1	4604.6	44760.1	886.4
湖南	29337.4	14569.4	14768.0	0.0
广东	13033.8	3299.5	9714.2	20.1
广西	16045.4	10589.8	5455.1	0.5
海南	662.9	41.0	589.9	32.0
重庆	24264.4	6340.2	17924.2	0.0
四川	72465.8	16328.9	56071.6	65.3
贵州	53045.3	14454.2	38591.1	0.0
云南	71816.1	10126.2	61544.6	145.3
西藏	1865.2	293.5	1325.2	246.5
陕西	65059.4	14726.4	50027.8	305.2
甘肃	69938.2	18936.3	46756.1	4245.8
青海	7636.9	1593.4	6038.4	5.1
宁夏	15964.7	3072.5	12892.2	0.0
新疆	9550.5	0.3	9463.5	86.7

表 C-5 各省（自治区）淤地坝数量

各省 （自治区）	淤地坝				其中：治沟骨干工程			
	数 量		淤地面积		数 量		总库容	
	座数 /座	比例 /%	面积 /km²	比例 /%	座数 /座	比例 /%	总库容 /万 m³	比例 /%
合计	58446	100	927.57	100	5655	100	570069.4	100
山西	18007	30.81	257.51	27.76	1116	19.73	92418.0	16.21
内蒙古	2195	3.75	38.42	4.14	820	14.50	89810.4	15.75
河南	1640	2.81	30.83	3.32	135	2.39	12470.3	2.19
陕西	33252	56.89	556.90	60.04	2538	44.88	293051.6	51.41
甘肃	1571	2.69	23.88	2.57	551	9.74	38066.4	6.68
青海	665	1.14	0.72	0.08	170	3.01	9622.1	1.69
宁夏	1112	1.90	18.97	2.05	325	5.75	34630.6	6.07
新疆	4	0.01	0.34	0.04	—	—	—	—

附录 D 第一次全国水利普查成果图

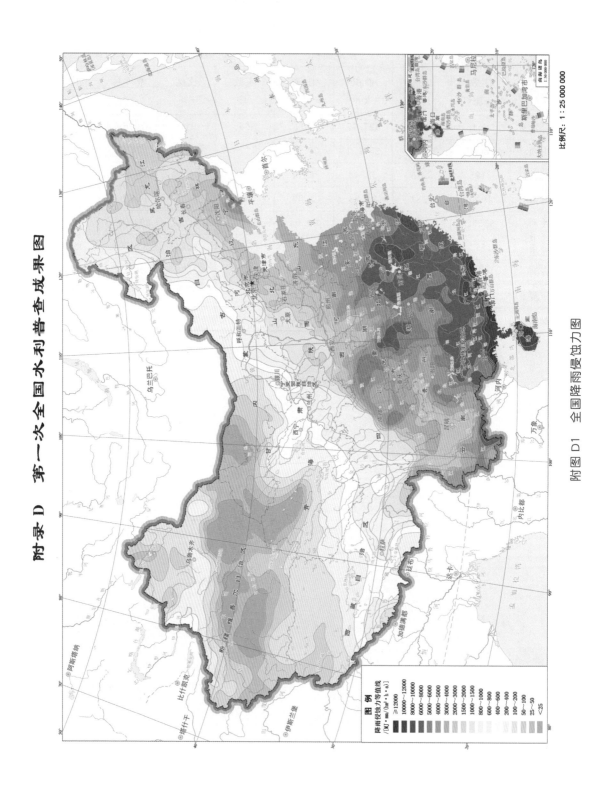

图 例

降雨侵蚀力等值线
/[MJ·mm/(hm²·h·a)]

≥12000
10000～12000
8000～10000
6000～8000
5000～6000
4000～5000
3000～4000
2000～3000
1500～2000
1000～1500
800～1000
600～800
400～600
200～400
100～200
50～100
25～50
<25

比例尺: 1 : 25 000 000

附图 D1 全国降雨侵蚀力图

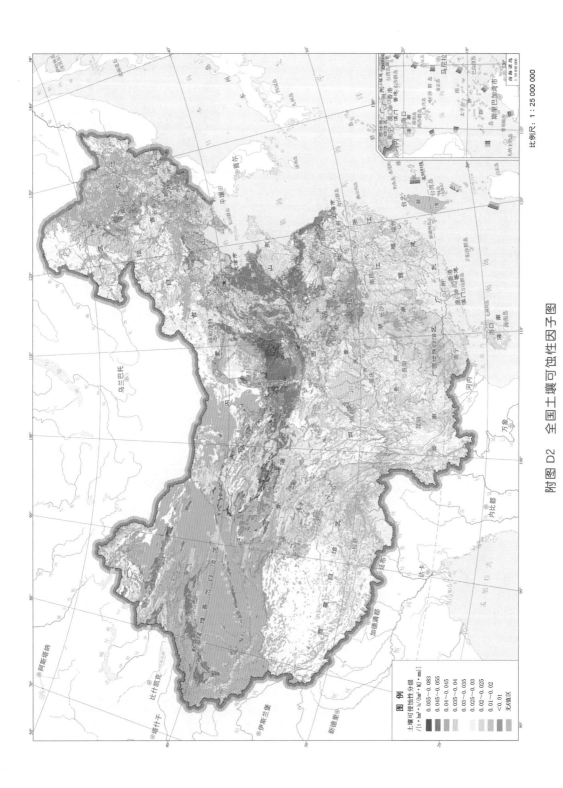

比例尺 1:25 000 000

图 例

土壤可蚀性分级
/(t·hm²·h/(hm²·MJ·mm))

0.055~0.083
0.045~0.055
0.04~0.045
0.035~0.04
0.03~0.035
0.025~0.03
0.02~0.025
0.01~0.02
<0.01
无数据区

附图 D2 全国土壤可蚀性因子图

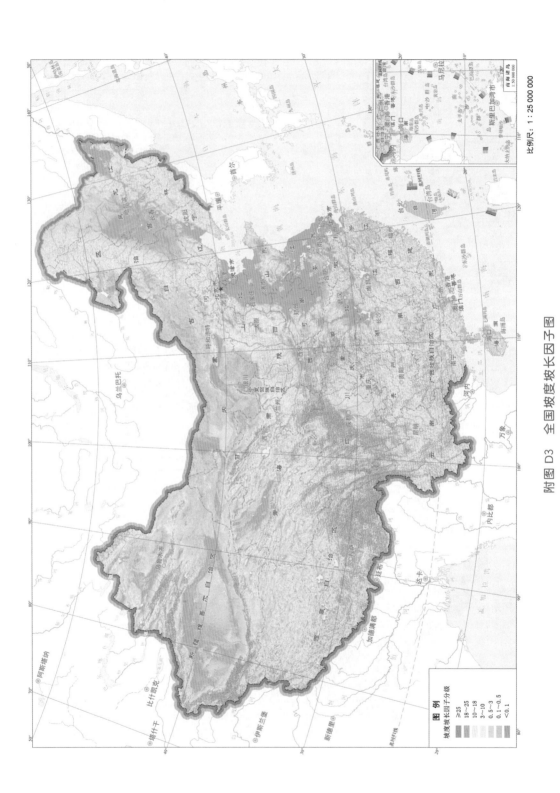

比例尺：1：25 000 000

附图 D3　全国坡度坡长因子图

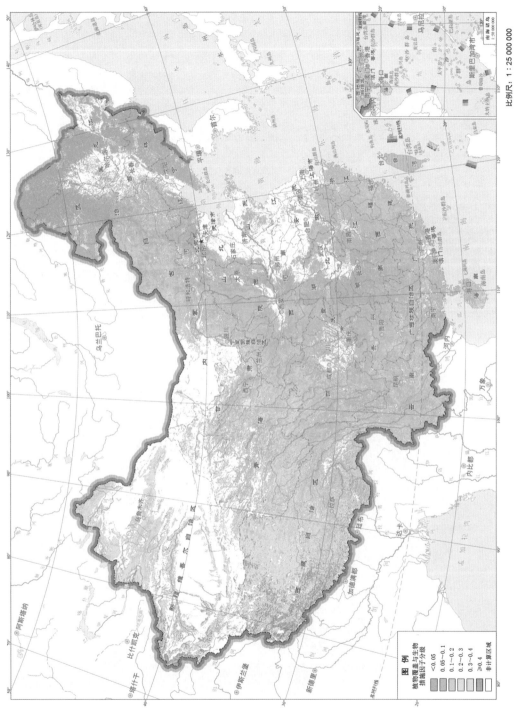

附图 D4 全国植物覆盖与生物措施因子图

比例尺: 1: 25 000 000

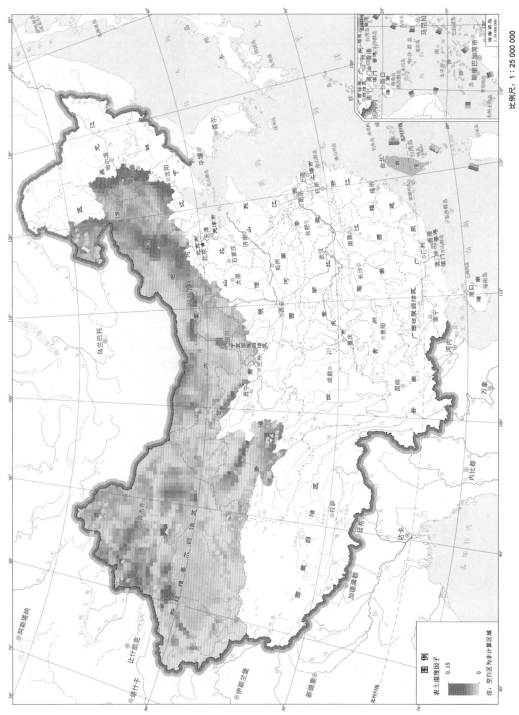

附图 D5　全国风力侵蚀区表土湿度因子图

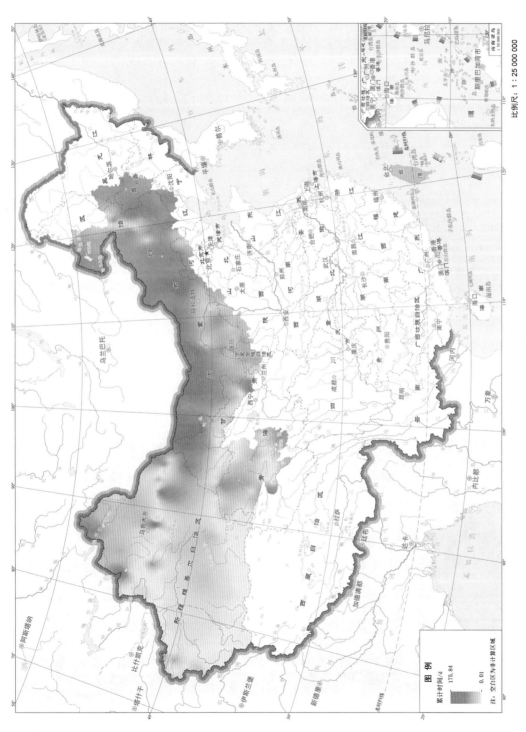

图 例

累计时间/d

175.84

0.01

注：空白区为排计计算区域

附图 D6 全国风力侵蚀区不小于 5m/s 年均风速累计时间分布示意图

比例尺：1 : 25 000 000

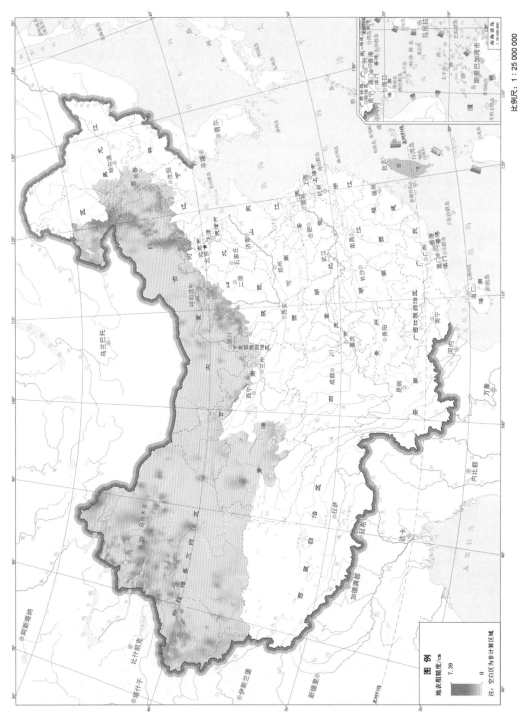

附图 D7 全国风力侵蚀区地表粗糙度

比例尺: 1 : 25 000 000

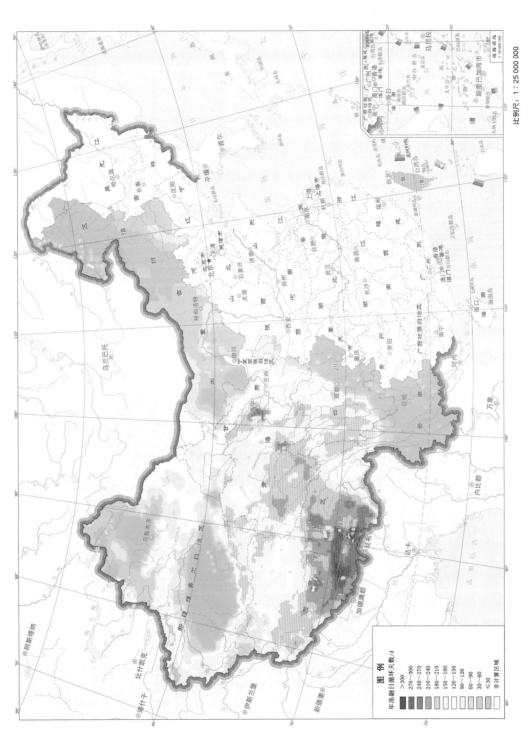

附图 D8　全国冻融侵蚀区年冻融循环天数图

比例尺：1：25 000 000

图　例

年冻融日循环天数/d
>300
270～300
240～270
210～240
180～210
150～180
120～150
90～120
60～90
30～60
≤30
非计算区域

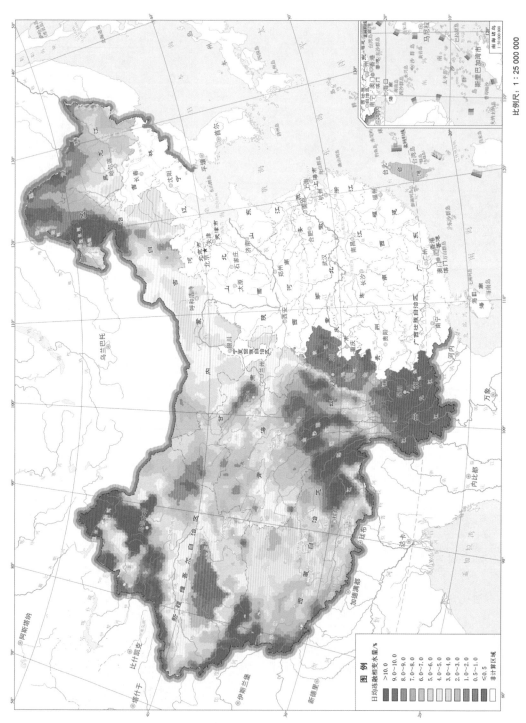

附图 D9　全国冻融侵蚀区日均冻融相变水量图

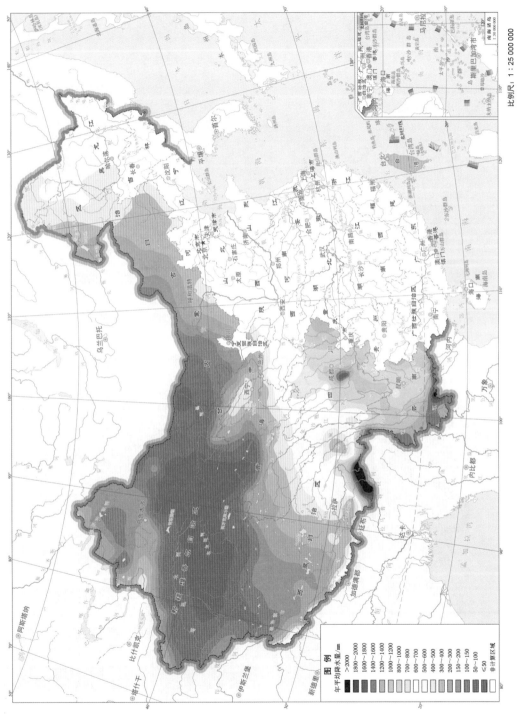

附图 D10 全国冻融侵蚀区年均降水量等值线图

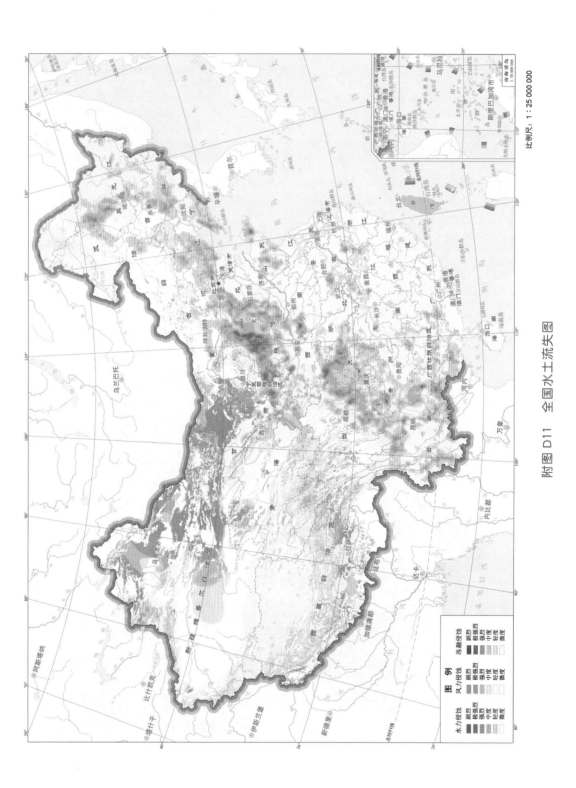

附图 D11 全国水土流失图

比例尺: 1 : 25 000 000

图 例

水力侵蚀
剧烈
极强烈
强烈
中度
轻度
微度

风力侵蚀
剧烈
极强烈
强烈
中度
轻度
微度

冻融侵蚀
剧烈
极强烈
强烈
中度
轻度
微度

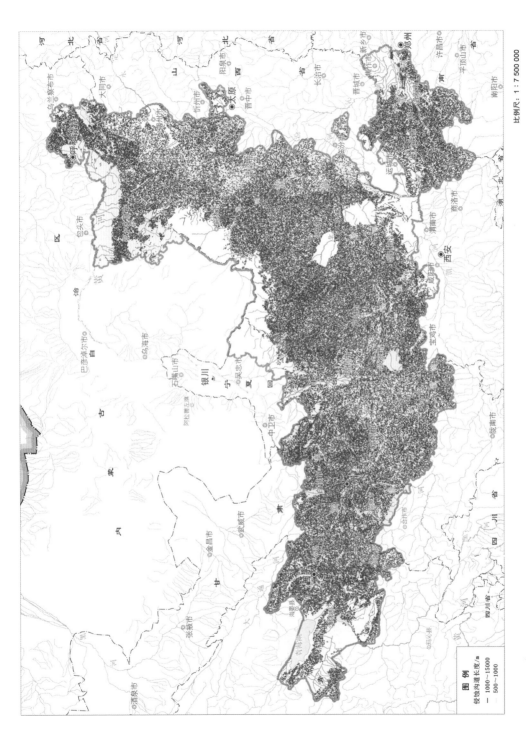

比例尺：1：7 500 000

附图 D12　西北黄土高原区侵蚀沟道分布示意图

图例

侵蚀沟道长度/m
— 1000～15000
— 500～1000

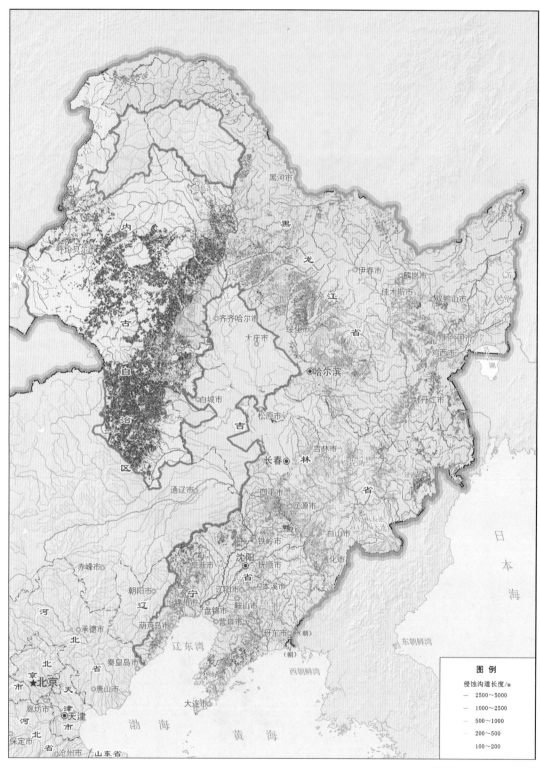

图 例

侵蚀沟道长度/m

— 2500~5000
— 1000~2500
— 500~1000
— 200~500
— 100~200

比例尺：1:10 300 000

附图 D13 东北黑土区侵蚀沟道分布示意图

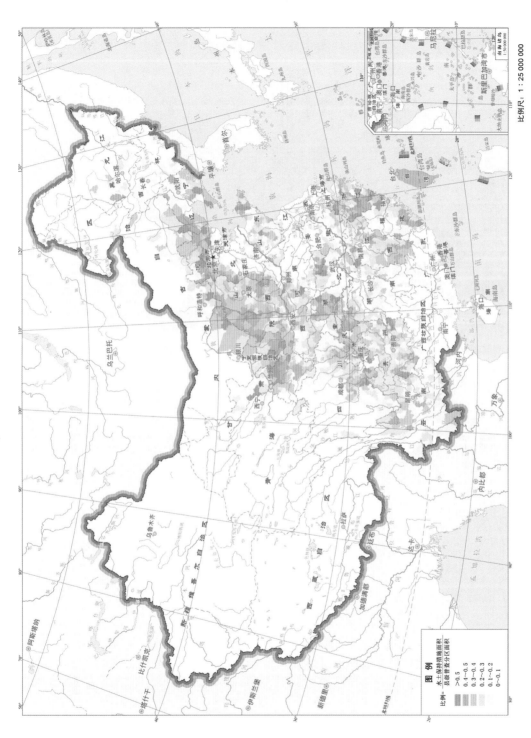

附图 D14　全国县级水土保持措施面积集中程度图（水土保持措施面积百分比分级）

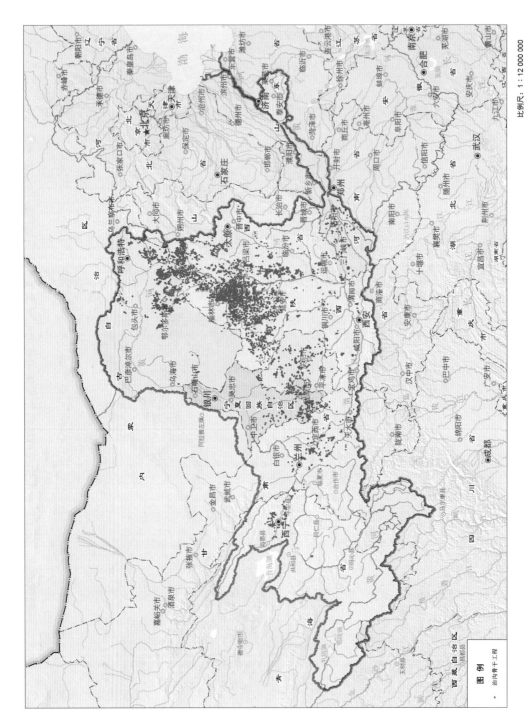

比例尺：1 : 12 000 000

附图 D15　黄河流域治沟骨干工程分布示意图

图　例

· 治沟骨干工程

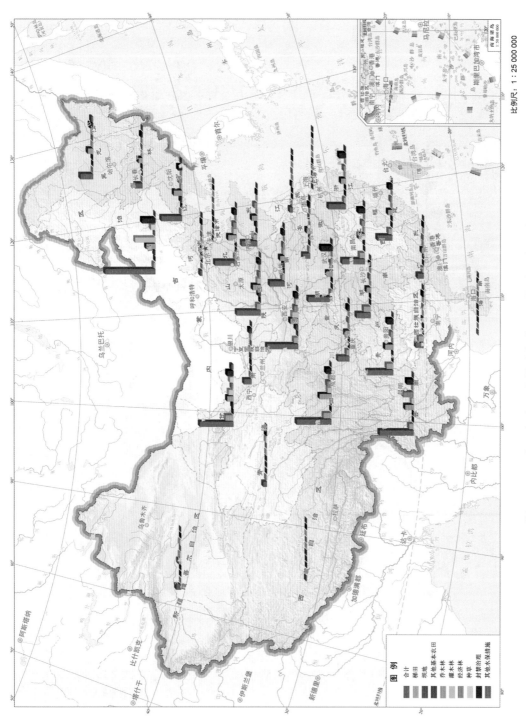

附图 D16　全国各省水土保持措施面积柱状分布示意图

比例尺：1 : 25 000 000

图例

合计
梯田
坝地
其他基本农田
乔木林
灌木林
经济林
种草
封禁治理
其他水保措施

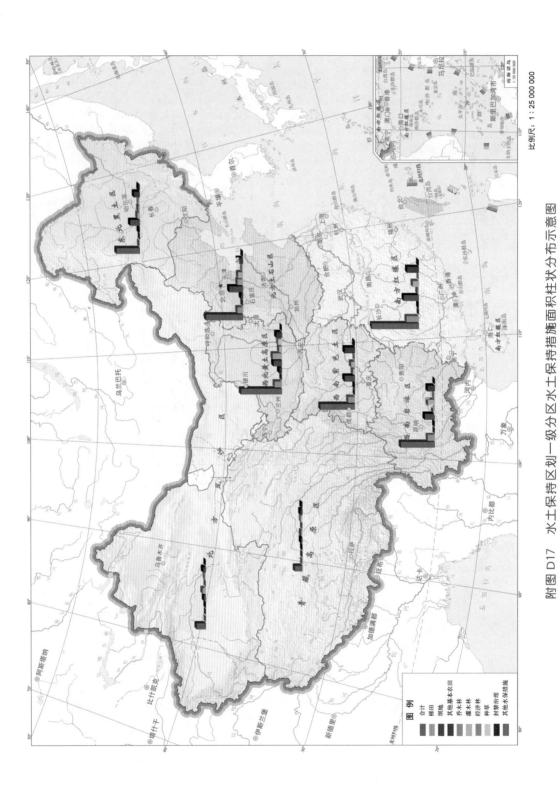

附图 D17 水土保持区划一级分区水土保持措施面积柱状分布示意图